Die

elektrischen Naturkräfte

der Magnetismus, die Elektricität und der galvanische Strom

mit ihren hauptsächlichsten Anwendungen

gemeinfaßlich dargestellt

von

Dr. Philipp Carl,

Professor an der k. Kriegs Akademie in München.

Zweite Auflage.

Mit 113 Holzschnitten.

München.

Druck und Verlag von R. Oldenbourg.

1878.

Inhalt.

I. Der Magnetismus.

Wer von unseren Lesern hat sich nicht in seiner Jugend mit Vorliebe mit den Märchen von „Tausend und eine Nacht" beschäftigt?

Wer hat nicht damals mit Staunen die Geschichten von dem merkwürdigen Vögel Rock, den großen Diamanten und den gewaltigen Magnetbergen gelesen, welche schon in beträchtlicher Entfernung den Schiffen die Nägel auszogen.

Wenn nun freilich solch' fabelhafte Magnetberge nie auf der Erde existirt haben, so steht doch die Thatsache fest, daß es auch jetzt noch gewisse Eisenerze gibt, welche die eigenthümliche Eigenschaft besitzen, gewöhnliches Eisen an sich heranzuziehen. Es war diese Erscheinung schon im Alterthume bekannt, und da solche Eisenerze in der kleinasiatischen Landschaft Heraclea und insbesondere in der Nähe von Magnesia, der Hauptstadt dieser Landschaft, gefunden wurden, so nannte man ein Stück Eisenerz, welches die genannte Eigenschaft, weiches Eisen anzuziehen, besaß, einen heracleischen Stein oder Magneten.

Viel mehr als diese Thatsache wußten jedoch die Alten nicht vom Magnetismus, und auch von den großen Kenntnissen der Eigenschaften des Magneten, welche mehrfach den Chinesen und Aegyptern zugeschrieben wurden, findet man wenigstens in den uns überlieferten Quellen nur wenig constatirt.

In der That können wir uns darüber gar nicht wundern, wenn wir bedenken, von wie wenigen augenfälligen Aeußerungen die magnetische Kraft, obwohl sie über der ganzen Erdoberfläche sich äußert, begleitet ist. Im Gegentheile müssen wir es einem bloßen Zufalle zuschreiben, daß man eine ihrer Eigenschaften, nämlich diejenige, daß ein frei aufgehängter Magnet durch sie eine bestimmte Richtung erfährt, schon zu einer Zeit kennen lernte, in welcher wissenschaftliches Streben ganz in der Kindheit lag. Sind doch noch Jahrhunderte verflossen, bis diese Entdeckung eine scheinbar naheliegende Anwendung in der Schifffahrt erhielt und damit eine weitere Ausbildung durch die Herstellung des Compasses erfuhr.

Man schreibt die Erfindung des Compasses häufig genuesischen Seefahrern zu und setzt sie ins zwölfte Jahrhundert; allein schon im elften Jahrhunderte kannten die nordeuropäischen Völker die Eigenschaft des Magnetsteines: eine bestimmte Richtung anzunehmen.

Es erzählt uns nämlich Are Frode, ein Schriftsteller, welcher am Ende des elften Jahrhunderts lebte, in seinem Werke über die Entdeckung Islands, daß Floke Vilgerdarson, der dritte Entdecker der Insel, ein berühmter Viking oder Seeräuber, etwa im Jahre 868 von Rogaland in Norwegen auszog, um Gardarsholm d. i. Island aufzusuchen. Er nahm drei Raben mit sich, welche zu Wegweisern dienen sollten, und um sie zu diesem Gebrauche einzuweihen, veranstaltete er im Smörsund, wo das Schiff segelfertig lag, ein großes Opfer; denn damals hatten die Seefahrer keinen „Leidstein" (d. i. wegweisenden Stein, Magneten) in den nördlichen Ländern.

Diese Stelle beweist also, daß am Ende des elften Jahrhunderts, wo Are Frode sein Werk verfaßte, in Norwegen der Magnet als Wegweiser zur See angewendet wurde. Der Schluß der Stelle läßt sogar annehmen, daß diese Anwendung in den südlichen Ländern Europa's schon früher bekannt war.

Im Jahre 1600 trat der englische Arzt Gilbert mit seinem Werke: „De magnete magneticisque corporibus" (Ueber den Magneten und die magnetischen Körper) in die Oeffentlichkeit und wurde dadurch der eigentliche Begründer einer systematischen Lehre vom Magnetismus; es sind in diesem Werke nämlich die Haupteigenschaften des Magneten bereits mit großer Klarheit entwickelt.

Schon Gilbert unterscheidet zwischen natürlichen und künstlichen Magneten. Die natürlichen Magnete sind die oben erwähnten Eisenerze, welche von Natur aus, sobald sie zu Tage gefördert sind, magnetische Eigenschaften besitzen; die künstlichen Magnete sind Stahlstücke, welchen diese Eigenschaften durch verschiedene Verfahrungsweisen, die wir später besprechen werden, erst ertheilt werden müssen. Natürliche und künstliche Magnete besitzen also genau die gleichen Eigenschaften — wir wollen uns damit etwas näher beschäftigen und können die Fundamentalerscheinungen vermittelst Experimente erläutern, die Jeder unserer Leser leicht zu wiederholen im Stande ist.

Nimmt man einen Magneten und ein Gefäß voll von Eisenfeilspähnen, taucht man den Magnet sodann in die Feilspähne, so werden diese daran hängen bleiben; allein wenn wir den Magneten in den Feilspähnen herumgewälzt haben und nun herausziehen, so zeigt sich, daß dieselben nicht an allen Stellen in gleicher Anzahl hängen geblieben sind. Hat der Magnet z. B. die Form eines Prisma's oder Cylinders, so zeigt sich (Fig. 1), daß an den Enden sehr viele Feilspähne anhängen, während man in der Mitte gar keine Feilspähne sieht; man hat deshalb die Enden eines solchen Magnetstabes die Pole desselben genannt.

Die Alten kannten bereits das Vorhandensein der Pole, man betrachtete jedoch dieselben blos als Anziehungspunkte und hielt die beiden Pole für gleichbedeutend.

Die Erfahrung führte aber im Verlaufe der Zeit zu der merkwürdigen Entdeckung, daß beide Pole sehr verschieden sind, wenngleich ein jeder derselben die Eigenschaft besitzt, das weiche Eisen anzuziehen.

Bringt man ein Stückchen Stahl, etwa eine Nähnadel, mit dem einen Pol eines starken Magneten in Berührung, so wird die Nadel selbst ein Magnet, was man daran erkennt,

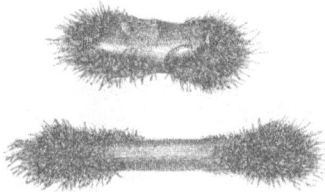

Fig. 1.

daß sie, in Eisenfeilspähne gelegt, die soeben beschriebene ungleiche Anlagerung von den Polen nach der Mitte hin zeigt. Bringt man aber nun die Nadel in der gleichen Lage an den anderen Pol des Magneten hin, so wird sie abgestoßen.

Man ersieht schon hieraus, daß die beiden Pole eines Magneten eine verschiedene Wirkung ausüben; bevor wir aber diese Ungleichheit näher präcisiren können, müssen wir vor Allem die Mittel näher ins Auge fassen, welche man bisher angewendet hat, um einen Magneten frei beweglich aufzuhängen.

Im Mittelalter ließ man, um eine freie Beweglichkeit im horizontalen Sinne zu erlangen, eine magnetisirte Nähnadel auf Wasser schwimmen. Um dabei das Untersinken der

Nadel zu verhindern, legte man dieselbe auf kleine Schiffchen von Holz oder Kork, oder man steckte sie in einen Strohhalm und legte das Ganze dann behutsam auf das Wasser.

Später hat man magnetisirte Stahlstäbchen — sogenannte Magnetnadeln — in der Mitte mit einer Art Hütchen von Stahl oder einem harten Steine — gewöhnlich Achat — versehen und dasselbe auf eine feine Stahlspitze aufgesetzt (Fig. 2). Wo es sich nun um ganz feine Versuche handelt, bringt man am Magneten oben in der Mitte ein Häkchen an und hängt ihn daran mittelst eines ganz feinen Drahtes oder Fadens — in der Regel mittelst eines Coconfadens — auf. Vor etwa zehn Jahren hat Lamont noch eine andere Aufhängungsweise für Magnetnadeln erdacht, welche man wohl am geeignetsten die hydrostatische Aufhängung nennen kann (Fig. 3). An einem eiförmigen Glasgefäße A ist oben eine enge Glasröhre r angebracht, auf welche die Magnetnadel N S aufgesetzt wird. Bringt man das Ganze in ein Gefäß B voll Wasser, so schwimmt es in demselben und der Magnet erhält eine ungemein leichte Beweglichkeit.

Macht man nun eine Magnetnadel auf irgend eine der angegebenen Arten frei beweglich, so wird dieselbe eine bestimmte Lage gegen die Himmelsgegenden einnehmen, in welche sie immer wieder zurückkehrt, wie oft sie auch daraus entfernt werden mag. Man glaubte anfänglich, daß eine solche horizontal bewegliche Magnetnadel genau nach Norden und Süden zeige. Allein dies ist nicht ganz genau der Fall; die Richtung der Magnetnadel — der sogenannte magnetische Meridian — weicht von der wahren Nord=Süd=Richtung — dem astronomischen Meridiane — an den meisten Orten der Erde mehr oder oder weniger ab. Man nennt diese Abweichung die magnetische Declination oder auch kurzweg Abweichung und drückt dieselbe in Winkelmaß d. h. in Graden und Minuten aus.

Fig. 2.

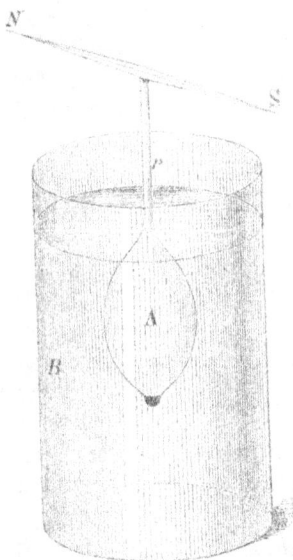

Fig. 3.

Wir wollen nun zu der oben verlassenen Frage über die Verschiedenheit der Magnetpole zurückkehren. Nehmen wir zwei auf Spitzen bewegliche oder zwei hydrostatisch aufgehängte Magnetnadeln und stellen wir dieselben in großer Entfernung von einander auf, so wird jede Nadel sich in die Richtung des magnetischen Meridians einstellen. Anders gestaltet sich die Sache, wenn wir die beiden Magnete in eine geringe gegenseitige Entfernung bringen.

Nähern wir nämlich die beiden Magnete einander der Art, daß der nach Süden zeigende Pol, den wir der Tradition zufolge den Südpol nennen wollen, der einen Nadel in die Nähe des nach Norden zeigenden Poles, des Nordpoles, der anderen Magnetnadel zu stehen kommt, so ziehen sich der Nordpol und der Südpol der beiden Nadeln an, was sich sogleich dadurch kundgibt, daß die beiden Pole sich gegen einander hinbewegen. Bringt man dagegen die beiden Magnetnadeln in eine solche gegenseitige Lage, daß der Südpol der einen Nadel in die Nähe des Südpoles der anderen Nadel zu stehen kommt, so entfernen sich die beiden Südpole von einander — Südpol und Südpol stoßen einander ab.

Das gleiche Resultat erhält man, wenn man den Nordpol der einen Nadel dem Nordpole der anderen Nadel nahe bringt; die beiden Pole bewegen sich von einander weg, stoßen sich also gleichfalls ab. Die Resultate dieser Versuche lassen sich in den Satz zusammenfassen: Gleichnamige Magnetpole stoßen einander ab, ungleichnamige Magnetpole ziehen sich gegenseitig an.

Es ist uns ein Brief überliefert von Georg Hartmann, Vicar an der St. Sebalduskirche in Nürnberg, an den Herzog Albrecht von Preußen, datirt vom 4. März 1544, aus welchem hervorgeht, daß die eben erläuterten Thatsachen damals noch sehr wenig bekannt waren, ja daß sie vielleicht von Hartmann zum ersten Male entdeckt worden sind. Derselbe ließ bei seinen Versuchen die Magnetnadeln auf Wasser schwimmen und konnte so die Anziehungs= und Abstoßungs=Phänomene aufs Schönste beobachten.

Wir haben bereits erfahren, daß, wenn man eine un= magnetische Nähnadel — eine Stahlnadel — an den einen Pol eines kräftigen Magneten bringt, die Nadel angezogen und selbst ein Magnet wird. Die soeben erlangten Thatsachen beweisen, daß, wenn wir die Nadel an den Nordpol des Magneten anhängen, das diesem zugewendete Ende ein Süd= pol, das abgewendete Ende ein Nordpol wird, weil im ent= gegengesetzten Falle die Nadel abgestoßen würde.

Hätten wir die unmagnetische Stahlnadel an den Süd= pol des Magneten angehängt, so muß umgekehrt das diesem Pole zugewendete Ende der Nadel ein Nordpol, das abge= wendete Ende ein Südpol werden.

Bei dieser Gelegenheit wollen wir sogleich einen wich= tigen Unterschied näher ins Auge fassen, welcher in Bezug auf den Magnetismus zwischen dem harten Stahle und dem weichen Eisen besteht. Es ist bekannt, daß der Stahl sehr verschiedene Härtegrade annehmen kann, und die Techniker unterscheiden in dieser Hinsicht in der Regel vier Grade, näm= lich: glashart, strohgelb angelassen, blau angelassen oder feder= hart und ganz weich. Die letztbehandelten Versuche gelingen nun schon mit einer federharten Stahlnadel, d. h. eine solche Nadel mit einem Magnetpole in Berührung gebracht, wird selbst ein Magnet. Nehmen wir dagegen ein Stückchen weichen Eisens und hängen dasselbe an den Pol eines Magneten, so bleibt das Eisenstückchen — wie wir dies schon bei dem Ver= suche mit den Feilspähnen wahrgenommen haben — gleich= falls daran hängen, wird also angezogen; allein wenn wir das Eisenstückchen wieder von dem Magnete entfernen, so zeigt dasselbe keine Pole und ist also kein bleibender Magnet geworden. Wir erkennen dies sogleich daran, daß, wenn wir

das Eisenstückchen in die Nähe einer frei beweglichen Magnet=
nadel bringen, die beiden Pole derselben sich in gleicher
Weise nach dem Eisenstückchen hin bewegen. Trotzdem ist das=
selbe, so lange es am Magnetpole hing, selbst ein Magnet ge=
wesen, wie sich durch folgenden einfachen Versuch nachweisen läßt.

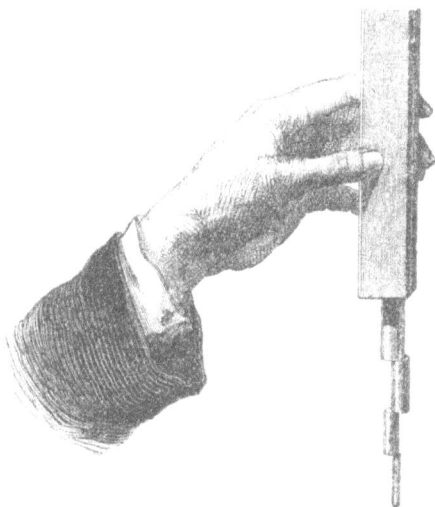

Fig 4.

Nehmen wir einen starken Magnet in die Hand (Fig 4),
so wird von dem einen Pole desselben ein Stück Eisen an=
gezogen; bringen wir an das Ende dieses Eisenstückchens ein
zweites, drittes u. s. f., so können wir je nach der Stärke
des Magneten eine ziemlich bedeutende Menge von Eisen=
stückchen hinter einander anhängen. Ziehen wir aber das dem
Magnetpole zunächst gelegene Stückchen weg, so fallen sogleich
auch alle übrigen von einander ab. Untersuchen wir, während
die Eisenstückchen noch am Magnetpole hängen, das untere

Ende desselben durch Annähern der Pole einer frei beweglichen Magnetnadel, so finden wir, daß wir es mit einem
dem tragenden Magnetpole gleichnamigen Pole zu thun haben.
Wir sehen also hieraus, daß weiches Eisen magnetisch wird,
allein blos so lange magnetisch bleibt, als es sich in der Nähe
eines Magneten befindet. Der harte Stahl dagegen behält
den Magnetismus auch nach der Entfernung vom erregenden
Magneten — er wird ein sogenannter permanenter Magnet.

Schon als wir einen Magneten am Beginne unserer Betrachtungen in Eisenfeilspähne legten, zeigte sich, daß dieselben
an den Polen am meisten, in der Mitte dagegen sich gar
nicht anhängten. Nehmen wir nun ein Eisenstückchen und
suchen wir dasselbe an verschiedenen Punkten eines Magneten
anzuhängen, so bleibt dasselbe an den Polen sehr fest hängen;
weiter gegen die Mitte hin nimmt die Anziehung beträchtlich
ab, in der Mitte selbst hört die anziehende Kraft gänzlich zu
wirken auf — das Eisen fällt, wenn man es anzuhängen versucht, herab. Die magnetische Kraftäußerung befindet sich also
nicht blos in den beiden Polen des Magneten, sondern sie ist
in den beiden Hälften desselben ausgebreitet in der Art, daß
sie an den Polen am stärksten ist und von da gegen die Mitte
hin, wo sie gänzlich verschwindet, allmählich abnimmt. Ferner
äußert sich in der einen Hälfte des Magneten blos nördlicher,
in der anderen Hälfte blos südlicher Magnetismus. Die
Mitte des Magneten, wo die nordmagnetische Kraftäußerung
in die südmagnetische übergeht und wo sich also gar keine
Anziehung zeigt, nennt man den Indifferenzpunkt des
Magneten.

Man hat die durch unsere bisherigen Versuche gewonnenen Erscheinungen ursprünglich dadurch zu erklären versucht, daß man annahm, die einzelnen Theilchen in der einen
Hälfte des Magneten besäßen blos nördlichen, die Theilchen
der anderen Hälfte blos südlichen Magnetismus; allein man

konnte mit dieser Annahme nicht den Umstand erklären, daß
der Magnetismus von der Mitte nach den Polen hin zu=
nimmt. Man mußte deshalb zu einer anderen Hypothese
seine Zuflucht nehmen und hat nun eine äußerst feine mag=
netische Materie — ein Fluidum — zur Erklärung der That=
sachen, die wir kennen gelernt haben, zu Hilfe genommen.

Jeder Körper hätte danach eine gleiche Menge nord=
magnetischen und südmagnetischen Fluidums; beim Magneti=
siren würden diese Fluida getrennt und nach den Polen des
neu entstandenen Magneten hin angehäuft.

Wir wollen zur Prüfung dieser Ansicht wieder ein paar
leicht anzustellende Versuche vornehmen, welche darin bestehen,
daß wir einen Magneten in eine Anzahl kleinerer Theile
trennen und einzeln diese näher untersuchen, sowie umgekehrt,
daß wir mehrere kleine Magnete zusammensetzen und be=
trachten, welche Wirkung nun sich äußert.

Man möchte nämlich aus der letztbezeichneten Hypothese
schließen, daß, wenn man einen Magneten in der Mitte aus=
einander brechen würde, die eine Hälfte blos nördlichen, die
andere blos südlichen Magnetismus behalten könnte. Brechen
wir aber einen Magneten wirklich in der Mitte entzwei und
untersuchen wir die beiden Hälften wieder durch Annähern
an die beiden Pole einer frei beweglichen Magnetnadel, so
ergibt sich, daß jede der beiden Hälften ein vollständiger
Magnet geworden ist, d. h. jede Hälfte ihren Nordpol und
ihren Südpol besitzt. Bricht man wieder jede der beiden so
erhaltenen Hälften entzwei, so erhält man vier vollkommene
Magnete. Kurz, man mag diese Theilung fortsetzen so weit
man will, jedes der erhaltenen Bruchstücke ist immer ein
Magnet mit zwei entgegengesetzten Polen und man muß sich
hiernach einen jeden Magneten als aus einer unendlich
großen Anzahl von unendlich kleinen Elementarmagnetchen
zusammengesetzt denken in der Art, daß jedes solche Element=

chen — jedes Molekül — in der That einen selbstständigen Magneten bildet.

Nach dem Gesagten sind wir aber auch zu der Behauptung berechtigt, daß sich aus kleineren und schwächeren Magnetchen ein stärkerer Magnet zusammensetzen lassen muß.

Und in der That legt man wirklich zwei gleich starke Magnete an einander, so erhält man einen vollständigen größeren Magneten. In der Mitte ist gleich viel nördlicher und südlicher Magnetismus vorhanden; die Wirkung nach Außen hebt sich auf. Trennt man die beiden Magnete wieder, so wird die magnetische Kraft der beiden Theile auf den früheren Stand vermindert.

Wollen wir also wirklich zwei magnetische Fluida zur Erklärung unserer durch das Experiment gefundenen That-

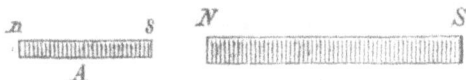

Fig. 5.

sachen voraussetzen, so wissen wir, daß diese an die einzelnen Moleküle der Magnete gebunden sein müssen und nicht auf einander übergehen können. Woher kommt aber dann die Zunahme der Kraft bei der Vereinigung der kleinen Magnete zu einem größeren? Um über diesen Punkt uns Klarheit zu verschaffen, müssen wir einen neuen Begriff einführen, nämlich die sogenannte magnetische Induction.

Stellt man einem Magnetstabe N S gegenüber einen inductionsfähigen Körper A (Fig. 5) — einen unmagnetischen Stahlstab — auf, so besteht das Wesen der magnetischen Induction darin, daß durch den Nordpol N in dem ihm zunächst gelegenen Ende des Stabes A ein Südpol, in dem entgegengesetzten Ende ein Nordpol erzeugt wird. Je näher der

Stab A dem Magneten gebracht wird, um so stärker werden die durch die Induction hervorgerufenen Pole sein. Nimmt man nun statt des unmagnetischen Stahlstabes einen Magneten N'S' und legt ihn so dem Magneten NS gegenüber, wie dies

Fig. 6.

die Fig. 6 zeigt, so wird durch die Induction vom Nordpole N der Südpol S' und ebenso von S' der Nordpol N verstärkt. Da aber eine einseitige Aenderung der Pole nicht eintreten kann, so werden auch der Nordpol N' und der Südpol S stärker werden müssen. Nähern wir die beiden Magnete einander bis zur Berührung, so sehen wir jetzt, wie bei zusammengesetzten Magneten die Verstärkung der Pole eine Folge der Induction ist. Wir sehen aber weiter ein, worin die magnetische Anziehung überhaupt ihren Grund hat. Ein Magnet zieht das weiche Eisen nicht als solches an, sondern dieses wird als inductionsfähiger Körper zuerst ein Magnet, die ungleichnamigen Pole ziehen sich an und das Eisen bleibt am Magneten hängen.

Das Gleiche gilt, wie wir gesehen haben, vom Stahle: Der Unterschied besteht nur darin, daß das Eisen den inducirten Magnetismus wieder verliert, wenn es vom Magneten entfernt wird, daß dagegen der Stahl den Magnetismus auch nach der Entfernung vom inducirenden Magneten behält. Man hat deshalb wohl zu unterscheiden zwischen Magnetismus, der einem Körper, wenn er erregt wurde, verbleibt und den wir permanenten Magnetismus nennen wollen, dann demjenigen Magnetismus, der in einem Körper durch die Nähe eines Magneten hervorgerufen wird — er heiße inducirter Magnetismus.

Beide Magnetismen bestehen getrennt neben einander, die Wirkung nach Außen ist durch ihre Summe oder ihre Differenz bedingt. Das Vermögen eines Körpers permanenten Magnetismus anzunehmen heißt man gewöhnlich Coërcitivkraft oder besser noch Retentionsfähigkeit; das Vermögen inducirten Magnetismus aufzunehmen wollen wir Inductionsfähigkeit nennen. Der Stahl hat also Retentionsfähigkeit und Inductionsfähigkeit zugleich, während das weiche Eisen das letztere Vermögen allein besitzt.

Es wird nun zunächst nöthig sein, die verschiedenen Formen kennen zu lernen, welche man bisher den Magneten gegeben hat. Im Alterthume kannte man blos die natürlichen Magnete. Plinius erzählt uns im 36. Buche seiner Naturgeschichte, daß es nach Sotacus fünf Arten derselben gebe; allein diese verschiedenen Arten beziehen sich blos auf den Fundort und nur auf einige Verschiedenheiten im äußeren Ansehen. Gegenwärtig bewahrt man die natürlichen Magnete noch in den physikalischen Sammlungen auf, ohne eine weitere Anwendung von ihnen zu machen; sie dienen blos als Zeugen des natürlichen Vorkommens attractiver Eisenerze.

Die Magnetsteine wurden, nachdem sie ausgegraben und als magnetisch erkannt waren, in eine geeignete Form zugerichtet; wir finden so die Form von Prismen, die Eiform und die Kugelgestalt vertreten. Die kugelförmigen Magnete wurden namentlich von den Physikern des Mittelalters angewendet, welche darauf die Pole und den Aequator verzeichneten, sie so als Nachahmung der Erde im Kleinen betrachteten und deshalb auch kleine Erdkugeln — Terrellen — nannten.

Um die Kraft eines natürlichen Magneten zu verstärken und ihn bequemer handhaben zu können, wird derselbe mit einer Armatur versehen, welche aus flachen Eisenstücken besteht, die an die Pole des Magneten angelegt werden. Die Tragkraft der Magnetsteine ist dabei übrigens ungemein verschieden.

Newton besaß einen Magneten, der in einen Ring gefaßt war, und, obwohl er blos 3 Gran wog, doch das 250fache seines Gewichtes, nämlich 746 Gran zu tragen im Stande war.

Zu den größeren natürlichen Magneten gehört derjenige, welcher sich im physikalischen Cabinete der Dorpater Universität befindet; er wiegt ohne Armatur 30 Pfund, mit der Armatur und einem kupfernen Gehäuse 40 Pfund und trägt 87 Pfund. Noch größer ist der Magnet im Teyler'schen Museum in Harlem, welcher mit Armatur und Gehäuse 307 Pfund wiegt und dessen Anker mit einem Gewichte von 230 Pfund noch nicht losgerissen werden kann. Parrot erzählt, daß der Magnet allein Mahomet und seinen Sarg zu tragen im Stande wäre.

Einer der berühmtesten natürlichen Magnete befindet sich im physikalischen Cabinete der Akademie der Wissenschaften zu Lissabon; er wurde dem König Johann V. vom Kaiser von China zum Geschenk gemacht. Die Gestalt dieses Magneten war unregelmäßig, sein Volumen betrug 262 Cubikzoll; er trug anfänglich 176 Pfund, später als seine Armatur, die er aus China mitgebracht hatte, vom Roste befreit wurde, konnte seine Tragkraft auf 202 Pfund gesteigert werden.

Gegenwärtig wendet man, wie unsere Leser bereits wissen, blos künstliche d. i. Stahl=Magnete an und hat denselben verschiedene Formen gegeben; man kann als Haupttypen derselben die Hufeisenmagnete, Magnetnadeln und Magnetstäbe bezeichnen.

Die Hufeisenmagnete sind, wie dies schon ihr Name bezeichnet, in Form eines Hufeisens umgebogene Stahlstäbe, welche so magnetisirt werden, daß die beiden Pole an die Enden der Schenkel des Hufeisens, also neben einander zu liegen kommen. Um die Stärke der Hufeisenmagnete zu erhöhen, vereinigt man mehrere derselben zu einem sogenannten mag= netischen Magazine. Ein solches Magazin (Fig. 7) besteht fast

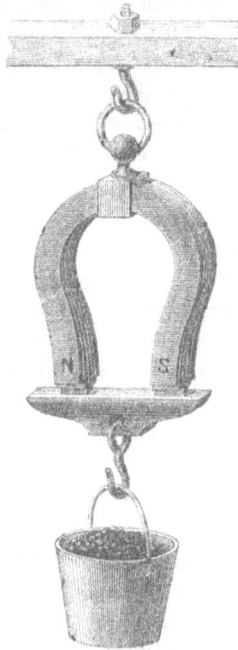

Fig. 7.

immer aus einer ungeraden Anzahl von einzeln magnetisirten hufeisenförmigen Stahllamellen, die an einander geschraubt werden. Die mittlere Lamelle ragt dabei gewöhnlich etwas über die anderen hervor, an ihren Enden wird auch der sogenannte Anker angelegt, an den das zu tragende Gewicht gehängt wird.

Die Hufeisenmagnete haben für die Theorie des Mag=
netismus keine weitere Bedeutung; dagegen bieten sie ein
ganz vorzügliches Mittel, galvanische Ströme durch Induction
zu erregen, weshalb sie in der neuesten Zeit bei den magnet=
elektrischen Maschinen (siehe diese) eine ausgedehnte Verwen=
dung gefunden haben.

An der großen Nollet'schen Maschine, welche die Alliance=
Compagnie im Jahre 1867 auf die Pariser Weltausstellung
gebracht hatte, wurden nicht weniger als 64 Magazine von
Hufeisenmagneten, deren jedes 120 bis 140 Pfund Tragkraft
besaß, dazu benützt, einen galvanischen Strom von solcher
Stärke zu erregen, daß damit das elektrische Kohlenlicht für
Leuchtthurmzwecke erzeugt werden konnte.

Die kräftigsten Hufeisenmagnete hat längere Zeit hindurch
Häcker in Nürnberg hergestellt; er wurde jedoch von den
Holländern Logeman und Wetteren übertroffen. Der Ver=
fasser hat sich selbst mit der Herstellung starker Hufeisenmagnete
beschäftigt und gefunden, daß bei kleinen Magneten von nur
wenigen Grammen Gewicht die Tragkraft das Hundertfache
des Gewichtes erreichen kann, während sie bei den großen
Magazinen von 20 bis 30 Kilogramm nicht leicht das Fünf=
fache des Gewichtes überschreitet.

Es geht dieser Satz auch aus den Angaben hervor, die
wir über die Logeman'schen Magnete besitzen. Ein Hufeisen
von 1 Pfund Gewicht trägt danach 25 bis 26 Pfund; bei
Magazinen aus 5 Lamellen erzielte Logeman bei 60 Pfund
Gewicht eine Tragkraft von 300 Pfund, bei 86 Pfund Ge=
wicht eine Tragkraft von 400 Pfund, während die siebenlamelli=
gen Magazine bei 122 Pfund Gewicht 550 Pfund tragen.

Hufeisenmagnete mit sehr großer Tragkraft hat in den
letzten Jahren Jamin dadurch erhalten, daß er eine größere
Anzahl ganz dünner Stahllamellen mit einander verband
und in eigenthümlicher Weise verankerte.

Magnetnadeln wurden schon vom elften Jahrhundert an als Compaßnadeln verwendet.

Bei den älteren Compassen findet man namentlich die Pfeilform mit vielfachen Verzierungen vertreten; gegenwärtig sieht man aber von allen überflüssigen Zieraten ab und gibt den Magnetnadeln gewöhnlich eine von der Mitte aus spitz zulaufende Form.

Magnetstäbe werden entweder in Form eines flachen Prismas oder eines Cylinders angewendet: die prismatischen Magnetstäbe wurden auch zu Magazinen vereinigt. In dem königlichen Institute zu London befindet sich ein solches Magazin, welches aus 450 Magnetstäben besteht, deren jeder eine Länge von 40 Centimetern besitzt — die Tragkraft des ganzen Magazins beträgt 100 Pfund.

Dies wären die verschiedenen Formen, die man bisher den Magneten gegeben hat, und in einem wohl ausgerüsteten Laboratorium sollten sie alle vertreten sein, da man für verschiedene Untersuchungen bald diese bald jene Form nöthig hat. Weitaus am häufigsten werden jedoch die Magnetnadeln gebraucht, und es war deshalb von Wichtigkeit, durch eine genaue Untersuchung zu erfahren, welche Form man denselben am zweckmäßigsten zu geben hat. Lamont hat diese Arbeit ausgeführt und kam, nachdem er mit den mannigfaltigsten Formen in systematischer Anordnung experimentirt hatte, zu dem Resultate, daß schmälere Magnete vortheilhafter sind als breitere, dünnere vortheilhafter als dickere, daß also die vortheilhafteste Form ein sogenannter Linearmagnet d. h. ein Magnet wäre, bei welchem Breite und Dicke verschwinden würden. Ein solcher Linearmagnet ist aber selbstverständlich in der Wirklichkeit nicht herzustellen; als die praktisch wichtigsten Formen ergaben sich die flache von der Mitte aus spitz zulaufende und die flache prismatische Form. Aus der Lamont'schen Untersuchung folgt weiter, daß, wenn man große magnetische Stärke bei geringem Gewichte erlangen will, es zweckmäßig ist, mehrere dünne und flache Magnete zu einem Systeme zu verbinden, jedoch ohne daß sie sich berühren. Bei den Schiffscompassen wendet man dieses Mittel gegenwärtig vielfach an, indem man drei Nadeln neben einander anbringt; Lamont gebraucht bei seinen magnetischen Instrumenten drei flache Stahllamellen — Stücke einer Uhrfeder — welche er über einander festmacht.

Obwohl, wie bereits erwähnt, magnetisirte Compaßnadeln bereits im elften Jahrhundert vorkommen, so hat man doch erst viel später den Versuch gemacht, stärkere Magnete herzustellen. Es wird zwar schon von Galiläi erzählt, daß er einen kräftigen Magneten verfertigt habe; ferner spricht bereits Gilbert davon, daß man Stücke „vom besten Eisen" — so nennt der gelehrte Engländer immer den Stahl — durch Streichen mit einem natürlichen Magneten magnetisch machen könne, allein die eigentliche Magnetisirungskunst scheint doch erst im achtzehnten Jahrhundert von Servington Savery erfunden worden zu sein.

Das einfachste Hilfsmittel einen Stahlstab zu magnetisiren bietet der sogenannte einfache Strich. Man legt dabei den Stahlstab horizontal, setzt den einen Pol eines starken Magneten auf denselben auf und streicht nach dem einen Ende hin. Hier angelangt zieht man den Magnet sorgfältig ab, um ihn am andern Ende wieder aufzusetzen und das Streichen von Neuem im gleichen Sinne öfters zu wiederholen. Zweckmäßiger ist eine andere Art des einfachen Striches, welche darin besteht, den Magnet beim Beginne der Operation in der Mitte des zu magnetisirenden Stahlstabes aufzusetzen und von hier aus mit dem Nordpole die eine Hälfte, mit dem Südpole die andere Hälfte des Stahlstabes zu streichen.

Noch stärkere Magnete wie beim einfachen Striche erhält man mittelst des Doppelstriches, bei welchem der zu

magnetifirende Stahlstab mit den ungleichnamigen Polen
zweier Magnete auf folgende Art gestrichen wird (Fig. 8).
Der Nordpol A des einen und der Südpol B des anderen
Streichmagneten werden in einiger Entfernung von einander
auf die Mitte des Stahlstabes aufgesetzt und die beiden Mag=
nete unter einer starken Neigung gemeinschaftlich nach dem
einen Ende, von hier nach dem anderen Ende, dann wieder
nach dem ersten Ende und so weiter fortgezogen. Nachdem
man dieses Hin= und Herstreichen oft genug ausgeführt hat,
hebt man die beiden Streichmagnete schließlich wieder in der
Mitte des nun magnetisch gewordenen Stahlstabes ab. Vor=
theilhaft ist es, denselben, wie dies die Fig. 8 zeigt, während

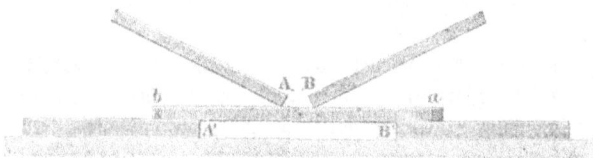

Fig. 8.

der Operation auf die ungleichnamigen Pole A', B' zweier
anderer kräftiger Magnete aufzulegen, und außerdem ist es
bequem, zwischen den beiden Polen der Streichmagnete ein
Holzstückchen anzubringen, um dieselben während des Streichens
mit Sicherheit in der gleichen Entfernung halten zu können.

　　Weitaus die kräftigsten Magnete bringt man zu Stande,
wenn man die Streichmagnete durch Elektromagnete ersetzt;
wie dieselben erhalten werden, werden wir in einem späteren
Abschnitte erfahren.

　　Beim Beginne unserer Betrachtungen haben wir uns
mit den magnetischen Anziehungs= und Abstoßungs = Erschei=
nungen beschäftigt, ohne das Gesetz kennen zu lernen, nach
welchem dieselben erfolgen.

Denkt man sich zwei getrennte Magnetpole im Raume frei beweglich, so findet, wir wir bereits wissen, eine gegenseitige Einwirkung derselben auf einander statt, welche, wenn die beiden Pole gleichnamig sind, als Abstoßung, wenn die beiden Pole ungleichnamig sind, als Anziehung sich äußert. Die Größe dieser Anziehung oder Abstoßung hängt nun ab einmal von der Stärke der magnetischen Kraft der beiden Magnetpole und von ihrer Entfernung. Hat der eine Pol eine sechsmal größere magnetische Kraft als der andere, so übt er eine sechsmal größere Anziehung auf diesen aus, wie wenn beide Pole gleich stark gewesen wären; erhalten aber die beiden Pole die doppelte Entfernung, so wird die Anziehung bloß den vierten Theil, bei der dreifachen Entfernung bloß den neunten Theil u. s. f. der Anziehung betragen, welche bei der ersten Entfernung stattgefunden hatte. Man drückt dieses Gesetz, welches von dem französischen Physiker Coulomb durch eine sorgfältige Versuchsreihe bewiesen wurde, allgemein so aus: die magnetische Anziehung oder Abstoßung ist der Stärke des Magnetismus direct und dem Quadrate der Entfernung umgekehrt proportional.

Der Erdmagnetismus.

Eine in horizontalem Sinne bewegliche Magnetnadel stellt sich in eine bestimmte Richtung ein; wir haben die Abweichung dieser Richtung von der wahren Nord-Süd-Richtung die Declination, die Richtung der Magnetnadel selbst den magnetischen Meridian genannt. Es soll nun eine Magnetnadel so eingerichtet werden (Fig. 9), daß sie im magnetischen Meridiane steht und um ihren Schwerpunkt bloß im verticalen Sinne drehbar ist. Wir werden dann wahrnehmen, daß die Magnetnadel nicht wagrecht stehen bleibt, sondern daß sich bei uns der Nordpol senken und mit dem

Horizonte einen Winkel von beiläufig 66 Graden bilden wird. Diesen Winkel mit dem Horizonte nennen wir die Neigung oder Inclination der Magnetnadel.

Sowohl die Declination als die Inclination sind an den verschiedenen Orten der Erdoberfläche sehr verschieden.

Denken wir uns nämlich an der Erdoberfläche ein magnetisches Theilchen freischwebend, so wird dasselbe durch eine Kraft, die wir den Erdmagnetismus nennen, in bestimmter Richtung und mit bestimmter Stärke angezogen; allein die Stärke ist dabei eben so wenig als die Richtung an allen

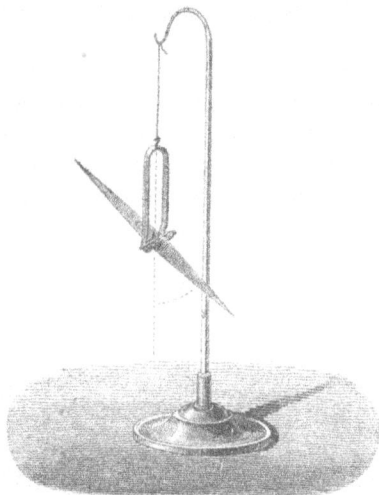

Fig. 9.

Orten der Erde die gleiche. Wir sind nicht im Stande, die Gesammtstärke der magnetischen Erdkraft — die Total=Intensität — direct zu bestimmen; wir müssen zu ihrer Kenntniß auf einem Umwege gelangen. Wir müssen nämlich nach den Vorschriften der Mechanik die Totalkraft in zwei auf einander senkrecht stehende Seitenkräfte zerlegen und die Stärke einer jeden derselben einzeln bestimmen. Praktisch nimmt man diese Zerlegung in der Weise vor, daß die eine der Seiten= kräfte in den Horizont des Beobachtungsortes, die andere also in die Verticale fällt; erstere heißt man die Horizontal= Intensität, letztere die Vertical=Intensität des Erd= magnetismus.

Bis zum Beginne unseres Jahrhunderts hatte man sich blos mit der Richtung der erdmagnetischen Kraft beschäftigt.

Daß eine horizontal bewegliche Magnetnadel nicht genau nach Norden zeigt und daß die Abweichung vom Nordpunkte nicht an allen Orten der Erde die gleiche sei, hat man wahr= scheinlich zuerst bei der Entdeckung von Amerika, wenn nicht vielleicht schon früher erkannt. Um die Mitte des sechzehnten Jahrhunderts hat man bereits die Größe dieser Abweichung an verschiedenen Orten genauer zu bestimmen versucht. Um dieselbe Zeit entdeckte Georg Hartmann die Inclination. In seinem Briefe an den Herzog Albrecht von Preußen, datirt vom 4. März 1544, schreibt er: „Zu dem Anderen, so finde ich auch dies an dem Magneten, daß er sich nicht allein wendet von der Mitternacht . . ., sondern er zeigt auch unter sich."

In älteren Schriften findet man gewöhnlich den Eng= länder Normann als den Entdecker der Inclination angegeben; derselbe fand jedoch erst im Jahre 1576 die Neigung der Magnetnadel, hat übrigens das Verdienst, zuerst eine ge= eignete Vorrichtung zum Messen des Inclinationswinkels, ein sogenanntes Inclinatorium, hergestellt zu haben.

Alexander von Humboldt war es, der auf seiner Reise in die Aequinoctialgegenden Amerika's (1799—1804) neben der Richtung der Magnetnadel auch die Stärke des Erd= magnetismus bestimmte und fand, daß auch diese an den ver=

schiedenen Orten der Erdoberfläche bedeutend verschieden ist. Er versetzte zu diesem Behufe eine Declinationsnadel in Schwingungen und beobachtete die Zeit, welche erforderlich war, um eine bestimmte Anzahl derselben z. B. hundert Schwingungen zu vollenden. Je kürzer diese beobachtete Zeit ist, um so stärker ist die auf die Magnetnadel einwirkende Kraft. Auf diesem Wege kann zwar blos die Horizontal = Intensität bestimmt werden, allein wenn man neben dieser noch den Inclinationswinkel kennt, so läßt sich nach den Vorschriften der Mechanik die Totalkraft durch Rechnung finden.

Die angegebene Methode hat aber doch einen großen Mißstand. Die Anzahl der Schwingungen hängt nämlich auch von der Stärke des in der Nadel enthaltenen Magnetismus ab; ändert sich derselbe im Laufe der Zeit, so wird jede Vergleichung der gefundenen Zahlenwerthe für die Stärke des Erdmagnetismus illusorisch. Solche Aenderungen haben aber immer statt, und es mußte deshalb von großer Wichtigkeit für die Wissenschaft sein, eine Methode aufzufinden, wodurch man im Stande ist, die Größe der magnetischen Erd= kraft unabhängig vom magnetischen Zustande der verwendeten Nadel zu bestimmen.

Der große französische Mathematiker Poisson hat das Verdienst, zuerst eine solche Methode angegeben zu haben; allein es vergingen noch mehrere Jahre, bis sich damit ein praktischer Erfolg erzielen ließ, denn es fehlten die Instrumente von erforderlicher Genauigkeit. Erst als Gauß durch sein Magnetometer auch diese Lücke ausgefüllt hatte, konnte das Problem vollständig gelöst werden — es konnte die Stärke des Erdmagnetismus nach absolutem Maße, das heißt in magnetischen Einheiten, analog den Thermometergraden bei der Temperaturbestimmung ermittelt werden.

Es kann hier nicht die Rede davon sein, bei den Details solcher magnetischer Messungen länger zu verweilen, wir müssen uns begnügen, einige allgemeine Punkte zusammenzustellen. Um aus den bisher angeführten magnetischen Bestimmungen die Vertheilung des Magnetismus an der Erdoberfläche näher zu studiren hat man die magnetischen Karten hergestellt.

Man hat nämlich diejenigen Orte auf einer Erdkarte durch Linien verbunden, an welchen zu derselben Zeit die gleiche Declination, Inclination und Intensität beobachtet wurden. Die Linien gleicher Declination nennt man Isogonische Linien, die Linien gleicher Inclination wurden Isoclinische Linien, endlich die Linien gleicher Intensität Isodynamische Linien genannt. Schon eine ganz oberflächliche Betrachtung dieser Linien zeigt, daß wir die Erde nicht als eine regelmäßig magnetisirte Kugel betrachten dürfen, sondern daß in dieser Hinsicht beträchtliche Anomalien stattfinden. Zunächst ist zu bemerken, daß die magnetischen Pole, in welchen sich die Inclinationsnadel senkrecht stellt, nicht mit dem geographischen Nord- und Südpol der Erde zusammentreffen, sondern etwa 16 Grade davon entfernt sind, und zwar liegt der Nordpol im Norden von Amerika (Breite $+ 74^{\circ}$, östliche Länge von Ferro 282°), der magnetische Südpol dagegen südlich von Vandiemensland (Breite $- 76^{\circ}$, östliche Länge von Ferro 178°).

Eben so wenig wie die Pole fällt auch der magnetische Aequator, wo die Inclinationsnadel horizontal bleibt, mit dem geographischen Aequator zusammen, sondern schneidet denselben in zwei Punkten, so daß ein Theil nördlich und ein Theil südlich davon liegt. Ferner ist die Stärke des Erdmagnetismus in der südlichen Halbkugel größer als in der nördlichen, und zwar beträgt die größte südliche Intensität um $\frac{1}{3}$ mehr als die größte nördliche; dabei ist aber die Intensität nicht in allen Meridianen die gleiche, sondern wir beobachten in der Tropenzone zwei Punkte, in welchen die Intensität am kleinsten ist, und gegen welche hin eine Abnahme von allen Seiten stattfindet. Der eine dieser Punkte fällt in die Nähe von St. Helena (350° 12′ östliche Länge von Ferro, — 18° 27′ Breite), der andere Punkt kleinster Intensität liegt im Stillen Oceane (178° 27′ östliche Länge von Ferro, + 5° 9′ Breite). Mit diesen Punkten kleinster Intensität steht auch die Declination in Beziehung: auf der Erdhälfte, auf welcher der erstgenannte Punkt sich befindet — auf der europäisch=afrikanischen Erdhälfte —, ist die Decli= nation überall mehr oder weniger westlich, während auf der asiatisch=amerikanischen Erdhälfte, welcher der zweite Punkt kleinster Intensität angehört, östliche Declination beobachtet wird bis auf einen kleinen Landstrich im östlichen Asien, wo wieder eine geringe westliche Declination statthat.

Zwischen den genannten beiden Erdhälften zieht sich um die ganze Erde herum die sogenannte Linie ohne Ab= weichung, welche diejenigen Orte der Erde unter einander verbindet, in welchen der magnetische Meridian mit dem astro= nomischen Meridiane zusammenfällt, die Declinationsnadel also genau nach Norden zeigt. Wir haben so einige Hauptpunkte über die Vertheilung des Magnetismus an der Erdoberfläche betrachtet und wollen nur bemerken, daß eine genauere Kennt= niß aus den Karten von Hansteen, Erman, Gauß, Sabine, Lamont ꝛc. erholt werden kann.

Die Verhältnisse, wie wir sie soeben dargestellt haben, sind jedoch nicht zu allen Zeiten die gleichen, sie unterliegen vielmehr mannigfachen Veränderungen, welchen wir nun unser Augenmerk zuwenden wollen.

Betrachten wir vorerst die großen Aenderungen, welche im Verlaufe einer längeren Reihe von Jahren eintreten, so müssen wir die älteren Beobachtungen aufsuchen; sie werden uns, obwohl mit weit weniger genauen Instrumenten als die gegenwärtig im Gebrauche befindlichen angestellt, doch durch ihre Uebereinstimmung Resultate im Großen zu ziehen gestatten.

Fassen wir zunächst die Declination ins Auge, so gibt die älteste bekannte Beobachtung in Paris vom Jahre 1541 eine östliche Declination von 7 Graden, im Jahre 1550 von 8 Graden. Der magnetische Meridian bewegte sich also nach Osten, und es scheint etwa um das Jahr 1580 die größte östliche Declination von 11° 30' beobachtet worden zu sein, denn im Jahre 1603 war sie schon wieder auf 8° 45' zurückgegangen. Im Jahre 1666 zeigte die Magnetnadel zu Paris nach einer uns erhaltenen Beobachtung Picard's genau nach Norden. Schon nach einigen Jahren war die Declination eine westliche, die Bewegung des Meridians nach Westen dauerte etwa 150 Jahre und die Declination wurde im Jahre 1820 zu 22° westlich beobachtet. Der magnetische Meridian hatte also in einem Zeitraume von 240 Jahren einen Bogen von 33—34 Graden von seiner größten östlichen bis zu seiner größten westlichen Declination zurückgelegt. Seit dem Jahre 1820 ist die westliche Declination wieder in fortwährendem Abnehmen begriffen. Aus diesen Angaben folgt mit aller Evidenz die Richtigkeit des Satzes, daß die Declination im Verlaufe der Jahre veränderlich ist, und diese Veränderung heißt die säculäre Aenderung der Declination. Dieser Satz wurde bereits im Jahre 1654 von Gellibrand aufgestellt, nachdem er seine Beobachtungen mit früher angestellten verglichen hatte; vorher hatte man geglaubt, diese großen Aenderungen der Unvollkommenheit der Instrumente zuschreiben zu müssen.

Als man nun auch die Inclinationen, welche in älteren Zeiten beobachtet wurden, mit den später angestellten Beobachtungen verglich, zeigte sich, daß auch dieses Element eine säculare Aenderung, wenn auch in anderer Weise wie die Declination, erfährt. So wurde die Inclination in Paris im Jahre 1671 zu 75°, im Jahre 1791 zu 71°, im Jahre 1824 zu 68°, im Jahre 1850 zu 66$\frac{1}{2}$° beobachtet.

Auch die Intensität unterliegt einer analogen säcularen Veränderung, doch läßt sich zur Zeit noch nicht mit Sicherheit die Größe derselben feststellen, da die Bestimmungen bis jetzt einen zu kurzen Zeitraum umfassen.

Aus den angeführten Pariser Declinationsbestimmungen kann man mit vieler Wahrscheinlichkeit den Schluß ziehen, daß die säcularen Bewegungen periodische d. h. nach bestimmter Zeit wiederkehrende seien; mit Bestimmtheit läßt sich dies jedoch im Augenblicke nicht behaupten. Dagegen kennen wir andere Aenderungen der magnetischen Elemente, deren Wiederkehr nach bestimmter Zeit bereits durch vielfache Beobachtungen constatirt wurde.

Der berühmte Uhrmacher und Mechaniker Graham in London fand schon im Jahre 1722, daß die Compaßnadel nicht nur von Tag zu Tag, sondern sogar an einem und demselben Tage von Stunde zu Stunde ihre Stellung verändere und sonach in beständiger Bewegung sei.

Die Entdeckung Graham's wurde von Professor Celsius in Upsala bestätigt und erweitert. Dieser Gelehrte hat unter Beihilfe seines Observators und späteren Nachfolgers Hiorter die erste systematische Beobachtungsreihe der magnetischen Aenderungen ausgeführt, und es dürfte nicht uninteressant sein, einige Details folgen zu lassen, zumal da wir daraus ersehen werden, daß von den beiden schwedischen Forschern einige der wichtigsten Entdeckungen im Gebiete des Erdmagnetismus gemacht wurden, nämlich die Entdeckung der Störungen und des Einflusses des Nordlichtes auf die Magnetnadel.

Celsius veröffentlichte im Jahre 1740 in den Abhandlungen der schwedischen Wissenschafts-Akademie „Einige Bemerkungen über der Magnetnadel stündliche Veränderungen in ihren Abweichungen" und führt daselbst mehrere Zahlen-

reihen vor, aus welchen bereits der tägliche Gang der Magnet=
nadel ersichtlich ist, wonach die Nadel Vormittags von 8 oder
9 Uhr an bis 1 auf 2 Uhr Nachmittags gegen Westen und
hierauf bis Abends um 8 — 9 Uhr gegen Osten wanderte.

Celsius setzte seine Beobachtungen bis in die Mitte
des Jahres 1740 fort, worauf er am Beginne des folgenden
Jahres dem Observator Olav Peter H i o r t e r, der eines
bequemeren Locales und einer weniger beschränkten Zeit wegen
im Stande war, die Beobachtungen mit geringeren Unter=
brechungen fortzusetzen, seinen Compaß einhändigte, den er
von G r a h a m aus London auf seine eigenen Kosten hatte
kommen lassen. Als C e l s i u s das neue Observatorium be=
zogen hatte, unterzog er sich selbst wieder den Beobachtungen
vom 21. März bis zum Schlusse des Jahres 1743; sein im
nächsten Jahre erfolgter Tod verhinderte ihn aber, die aus
seinen Beobachtungen gezogenen Resultate selbst bekannt zu
machen. Dies geschah erst später, im Jahre 1747 durch
H i o r t e r, welcher der schwedischen Akademie diese Resultate
in einer ausführlichen Abhandlung vorlegte. Nachdem er in
der Einleitung den Gang von C e l s i u s' und seinen eigenen
Beobachtungen besprochen hatte, fährt er fort:

„Was aus den sonach mehr denn 10 000 Beobachtungen
über die Bewegung der Magnetnadel zu schließen gewesen,
ist Folgendes:

„1) Daß die Magnetnadel eine tägliche Wendung von
Osten nach Westen und wieder rückwärts habe. Dieselbe hatte
bereits der selige Hr. Professor wahrgenommen, als er mir
die Nadel zustellte, mit der Bemerkung, daß sie des Morgens
etwa um 8 Uhr am östlichsten und um 2 Uhr Nachmittags
am westlichsten, ingleichen des Abends und in der Nacht in
denselben Stunden nur mit geringerer Veränderung eben so
wie des Tages sei. Dies hat sich in der Folge alle 24 Stunden

beständig und meist auf dieselbe Weise verhalten mit einer
Veränderung von 5 Minuten, einige Tage etwas mehr,
andere wieder weniger, doch stufenweise und selten in einem
Sprunge vom Größten bis zum Kleinsten um die oben=
genannten Stunden, wenn nichts Besonderes dazwischen ge=
kommen ist, was die Nadel in ihrer regelmäßigen Wanderung
gestört hätte, wovon in der dritten Anmerkung die Rede
sein wird."

„2) Daß sich diese Bewegungen nicht jeden Tag um
denselben Punkt des Gradbogens gehalten, sondern sich den
einen Monat mehr gegen Osten und zu einer andern Zeit
des Jahres mehr gegen Westen verlegt haben, an welchen
neuen Stellen die täglichen Veränderungen eben so durchgängig
ihre Richtigkeit gehabt haben."

„3) Hat man noch eine Bewegung bei der Magnetnadel
gefunden, die eines Jeden Verwunderung und Aufmerksamkeit
verdient. Wer hätte sich wohl vorstellen können, daß die
Nordlichter mit dem Magneten einige Gemeinschaft und Ver=
bindung hätten, und daß eben diese Nordlichter, wenn sie
über unseren Scheitelpunkt weg südwärts oder ungleich nach
der östlichen und westlichen Gegend des Horizontes hin steigen,
eine beträchtliche Verwirrung von ganzen Graden binnen
wenigen Minuten an der Magnetnadel verursachen sollten?
Das erste Mal, daß ich ein Nordlicht im Süden sah und zu=
gleich eine größere Wanderung der Magnetnadel wahrnahm,
war der 1. März 1741 des Abends, nachdem ich zwar zu
verschiedenen Malen eine Unordnung der Nadel bemerkt, aber
überzogenen Himmels halber kein Nordlicht gewahr worden
war. Als ich hierauf dem seligen Professor dieses meldete,
sagte er, wohl hätte er auch eine solche Verwirrung der
Magnetnadel unter denselben Umständen bemerkt, aber nicht
damit laut sein wollen, um zu sehen, — dies war sein Aus=
druck — ob ich auf dieselbe Speculation fallen möchte. Einige

Mal in der Folge wurde zwar die Nadel wieder verwirrt, aber bei trübem und bewölktem Himmel, bis den 26. März nach 12 Uhr in der Nacht eine große Veränderung in der Nadel erfolgte und ein starkes Nordlicht über den ganzen Himmel im Süden gesehen wurde; wonach der Hr. Professor mit mir sich von dieser Sache mehr zu vergewissern anfing. Solches wurde nachgehend immer — etwa einige 40 Mal — beobachtet."

„Das Merkwürdigste bei dieser Bewegung der Magnet= nadel war Folgendes. Der selige Hr. Professor hatte einige Wochen zuvor Hrn. Graham in London brieflich ersucht, auch mit seiner Nadel an jenen Tagen Beobachtungen anzu= stellen, damit, falls sich einige Störung des Magneten bei uns ereignen möchte, man sofort inne würde, ob sie sich auch an mehreren, so weit von einander entlegenen Orten zutrage, und daß sie alsdann keiner besonderen Beschaffenheit des Zimmers und dem darin befindlichen Eisen zugeschrieben werden könnte. Was geschah? Gerade ebendieselbe unordentliche Bewegung hatte die Magnetnadel zur nämlichen Zeit in London, wie hier in Upsala und zwar eine so große, wie Hr. Graham, nach seinem von dieser Beobachtung gegebenen Berichte, nur je erfahren hatte. Des Nordlichtes gedenkt er nicht, ohne Zweifel weil er nicht bedacht gewesen war, nach solch einer Erscheinung zu sehen."

„Schließlich, sagt der bescheidene Gelehrte am Ende seiner Abhandlung, gestehe ich auch gerne, daß dieselbe Entdeckung einzig und allein dem seligen Hr. Professor Celsius als demjenigen zugeschrieben werden muß, der aus eigenen Mitteln viele Unkosten an diejenigen Instrumente verwendet, womit erwähnte Bewegungen des Magneten entdeckt worden sind. selbige größtentheils selbstbemerkt und mich in den Stand ge= setzt hat, die Beobachtungen fortzusetzen und nun kürzlich ans Licht zu bringen, da sie sonst mit ihm wären begraben worden."

Wir haben aus diesem Berichte Hiorter's Entdeckungen kennen gelernt, welche durch die späteren, genaueren Beobachtungen aufs Glänzendste bestätigt wurden; wir wollen jetzt übrigens, da wir im Allgemeinen eingeführt sind, die bisher gewonnenen Resultate etwas systematischer auseinandersetzen. Die rege Thätigkeit, welche seit den dreißiger Jahren, wo Gauß sich mit dem Gegenstande zu beschäftigen begann und die Gründung eines eigenen magnetischen Vereines veranlaßte, dem Erdmagnetismus zugewendet wurde, hat nämlich eine Reihe von magnetischen Observatorien geschaffen, an welchen nicht blos absolute Bestimmungen der magnetischen Elemente von Zeit zu Zeit ausgeführt, sondern auch die Veränderungen derselben beobachtet worden sind. An mehreren dieser Observatorien ist der Stand der Magnetnadel sogar stündlich aufgezeichnet worden, und sind aus diesen Beobachtungen die nachstehenden Resultate abgeleitet worden.

Sowohl die Richtung als die Stärke der erdmagnetischen Kraft unterliegt einer täglichen, also alle 24 Stunden wiederkehrenden Aenderung, welche sich in unseren Gegenden im Wesentlichen durch folgende Sätze charakterisiren läßt.

Die Declinationsnadel erreicht, wie dies schon Hiorter gefunden hatte, ihren östlichsten Stand etwa um 8 Uhr Morgens, sie bewegt sich nun gegen Westen bis um 2 Uhr Mittags und kehrt am Nachmittage und die Nacht hindurch mit nicht ganz regelmäßiger Bewegung auf ihren ursprünglichen Stand zurück.

Die Neigung der Magnetnadel ist am größten um 10 Uhr Morgens, sie wird von da an bis um 10 Uhr Abends immer kleiner, sodann nimmt sie allmählich, jedoch nicht ganz regelmäßig fortschreitend, wieder zu und erreicht ihren ursprünglichen Stand am nächsten Morgen um 10 Uhr.

Bei der Totalintensität finden wir ganz die gleichen Wendepunkte wie bei der Inclination, jedoch im umgekehrten

Sinne, d. h. sie ist am kleinsten um 10 Uhr Morgens am größten um 10 Uhr Abends.

Die Bewegung ist jedoch im Laufe des Jahres bei allen drei Elementen nicht von gleicher Größe; im Sommerhalbjahre ist sie größer, kleiner in der Winterhälfte des Jahres; auch treten die Wendepunkte früher oder später ein, ohne daß übrigens, der allgemeine Charakter der Bewegung ein anderer wird.

Diese Sätze haben nicht blos für die ganze nördliche sondern auch für die südliche Hemisphäre ihre Gültigkeit; nur finden auf letzterer alle Bewegungen im entgegengesetzten Sinne statt, d. h. überall da, wo im Norden eine westliche Bewegung oder eine Zunahme statt hat, findet sich im Süden eine östliche Bewegung oder Abnahme. Da außerdem der Winter auf der südlichen Halbkugel gleichzeitig mit dem Sommer der nördlichen Hemisphäre eintritt, so ist die Bewegung südlich vom Aequator in derselben Zeit am kleinsten, wo sie nördlich vom Aequator ihren größten Werth erreicht.

Die Größe der täglichen Bewegung ist jedoch nicht nur im Sommerhalbjahr eine andere als im Winterhalbjahr! Lamont hat durch Vergleichung seiner Beobachtungen mit denen von Beaufoy in Bushy Heath (1813—20) und denen von Cassini in Paris (1783—1788) nachgewiesen, daß eine stetige Zu- und Abnahme der Größe der täglichen Bewegung der Declinationsnadel in einer regelmäßigen Periode von etwa $10\frac{1}{3}$ Jahren stattfindet; auch für die Intensitätsveränderungen wurde die gleiche Periode nachgewiesen. Dieses Resultat bietet aus dem Grunde ein ganz besonderes Interesse, weil damit eine andere merkwürdige Naturerscheinung im Zusammenhange steht.

Die Sonne bietet bekanntlich dem Beobachter, wenn er sich eines mit einem geeigneten Blendglase versehenen Fernrohres bedient, keine gleichförmige Oberfläche dar, sondern es zeigen sich fast immer auf derselben dunkle Stellen, oft

von beträchtlicher Ausdehnung — die Sonnenflecken*). Dabei
ist die Sonnenoberfläche ungemein veränderlich; ihr Ansehen
bleibt auch nicht einen Tag ganz gleich. Es kann hier
übrigens nicht unsere Aufgabe sein, auf diesen Gegenstand,
der in einem anderen Bande der Naturkräfte ausführlich
behandelt ist, näher einzugehen; wir mußten die Sonnenflecken
aus folgendem Grunde erwähnen. Wenn man nämlich die
Zahlen betrachtet, welche die Häufigkeit der Sonnenflecken
für die einzelnen Jahre angeben, so zeigt sich — wie Sabine
und Wolf fast gleichzeitig nachgewiesen haben —, daß auch
hier eine zehnjährige Periode statt hat, welche mit der
Lamont'schen Periode in der Weise genau übereinstimmt,
daß die Sonnenflecken in größter Anzahl sichtbar sind, wenn
die tägliche Periode der magnetischen Variationen am größten
ist und umgekehrt.

Die Größe der täglichen Bewegung ist ferner nicht an
allen Punkten der Erdoberfläche zu gleichen Zeiten gleich
groß. So betrug sie im Sommer 1842 für die Declination
in München 9 Minuten, in Petersburg 10 Minuten, in
Barnaul blos 7 Minuten. Ob dabei aber ein Zusammen=
hang mit der geographischen Lage der einzelnen Orte statt
habe, läßt sich zur Zeit noch nicht feststellen, da die vorhandenen
Bestimmungen hiezu durchaus nicht zahlreich und vollständig
genug sind.

Ich muß jetzt meine Leser wieder an den Bericht
Hiorter's erinnern und zwar ganz besonders an die Ent=
deckung der sogenannten magnetischen Störungen. Beobachtet
man mit den genauen Instrumenten der Gegenwart die
Veränderungen der magnetischen Elemente von Stunde
zu Stunde, wie dies z. B. an der Münchener Sternwarte

---

*) Siehe darüber „Zech, Himmel und Erde", 5. Bd. der Natur=
kräfte S. 109, 2. Aufl.

welche die längste derartige Beobachtungsreihe aufzuweisen
hat, seit dem Jahre 1840 geschieht, so findet man, daß gewöhnlich die Bewegung der Magnetnadel eine ganz ruhige
und langsame ist, und daß in der Regel die Richtung der
erdmagnetischen Kraft sich nie über 2 Minuten, die Stärke nicht
über den fünftausendsten Theil innerhalb einer Stunde verändert. Tritt nun aber eine Störung ein, so zeigt sich plötzlich
eine Unruhe im Stande der Instrumente und die Nadeln
zeigen scheinbar ganz regellose Bewegungen, die oft mit solcher
Schnelligkeit vor sich gehen, daß man sie gar nicht mehr vollständig im Detail zu verfolgen im Stande ist.

Es war eine der Hauptaufgaben, die sich die Mitglieder
des magnetischen Vereins stellten, diese Bewegungen bei den
Störungen näher zu studiren, und es ist auch in der That
gelungen, mehrere allgemeine gesetzmäßige Beziehungen in
denselben aufzufinden. Eine glänzende Bestätigung hat insbesondere der bereits von Celsius und Hiorter entdeckte
Zusammenhang zwischen den Störungen und den Nordlichtern
gefunden.

Wir könnten zum Beweise dieses Satzes eine so große
Menge von Belegen d. h. von gleichzeitig beobachteten Nordlichtern und magnetischen Störungen beibringen, daß damit
allein ein ganzer Band unseres Werkes ausgefüllt würde.
Nicht uninteressant dürfte es jedoch sein, wenn wir auch hier
die Schilderung beifügen, welche schon im Jahre 1777 der
schwedische Gelehrte Wilcke in seiner Abhandlung „Von den
jährlichen und täglichen Bewegungen der Magnetnadel in
Stockholm" gegeben hat; wir folgen dabei einem um den Erdmagnetismus sehr verdienten Forscher, nämlich Kreil.

Wilcke sagt am angeführten Orte, daß sich das Centrum
der sogenannten Nordlichtkrone, die bekanntlich in nördlichen
Gegenden nicht weit vom Zenith steht und bisweilen nach
allen Himmelsgegenden, gleichsam ein Zelt bildend, die schönsten

Strahlen verbreitet, auf das Genaueste in derselben Richtung
zeigt, welche die Neigungsnadeln ausweisen, nämlich damals
in Stockholm ungefähr in 75° Höhe gegen Süden in der
Vertical-Ebene, welche so wie die Declination etwa 14° vom
astronomischen Meridiane abwich.

Diese Krone ist, wie schon andere Gelehrte gezeigt haben,
nichts als eine optische Projectionsfigur, welche die nach dieser
Richtung parallel emporsteigenden Strahlen des Nordlichtes
in unserem Auge und Urtheil am scheinbaren Himmelsgewölbe
erzeugen.

Die Nordlichtflammen streichen sonach gerade
in derselben Richtung empor, welche die Magnet-
kraft, wenn sie allein waltet, den Inclinations-
nadeln ertheit. Was Wunder dann, daß die Nordlichter,
so lange sie dieser Magnetrichtung folgen, nicht im geringsten
die Neigungsnadeln berühren, die sich blos vertical bewegen
können, sondern nur dann auf diese Nadeln eine deutliche
Wirkung äußern, wenn die oben erwähnte Nordlichtkrone ihre
Lage ändert. Dies habe ich, sagt Wilcke, nun auch mehrere
Male deutlich bemerkt: die Neigungsnadel, welche bei
den stärksten Nordlichtern so lange still gewesen
ist, als der Mittelpunkt der Nordlichtkrone seine
gewöhnliche Stelle einnahm, hat durch eine merk-
liche Veränderung von 10, 15, 20, ja 60 Minuten
zu erkennen gegeben, daß dieser Mittelpunkt
wirklich einige Grade höher hinauf oder weiter
hinab gerückt ist, und daß sich somit die Nordlicht-
und Magnetrichtung zugleich geändert habe. Hiezu
kommt noch ein anderer Umstand bei der horizontalen Ab-
weichungsnadel selbst, daß sich nämlich ihre Nordspitze,
die sonst immer in einer Ebene mit dem Gradbogen
steht, bei solchen Gelegenheiten merklich hinab
gesenkt und gleichsam schwerer geworden ist, wie

mir denn dies während des prächtigen rothen
Nordlichtes den 18. Januar 1770 begegnete; oder
sich auf einmal erhoben und unten am Glase ange=
schlagen hat, welches unter Anderem dreimal nach
einander den 15. December 1765 geschah, während
das Nordlicht gewaltig im Zenithe flammte.

Kreil hat in seinem astronomisch-meteorologischen Jahr=
buche für Prag vom Jahre 1844 eine Zusammenstellung von
200 Nordlicht=Erscheinungen gegeben, bei welchen bloß in
einigen zwanzig Fällen nicht gleichzeitig eine Störung an
irgend einem der damals bestehenden magnetischen Observa=
torien beobachtet worden ist. Bei dem schönen Nordlichte vom
24. October 1870, das wohl viele unserer Leser beobachtet
haben, war schon um 2 Uhr Mittags in den magnetischen
Instrumenten der Münchener Sternwarte eine beträchtliche
Störung wahrgenommen worden, die auch am folgenden Tage
noch fortdauerte, wo gleichfalls am Abend ein großes Nordlicht
an vielen Orten gesehen worden ist. Kurz, seitdem die beiden
Erscheinungen: Nordlichter und magnetische Störungen aufmerk=
samer beobachtet wurden, ist an einem inneren Zusammen=
hange derselben nicht mehr zu zweifeln, und es ist nur zu be=
dauern, daß das Nordlicht selbst uns seinem Wesen nach noch so
wenig bekannt ist, daß ein näherer Einblick in diesen Zusammen=
hang uns wohl auf längere Zeit hinaus verborgen sein dürfte.

Wie wir auf der nördlichen Halbkugel der Erde Nord=
lichter beobachten, so sehen die Bewohner der südlichen
Hemisphäre gegen Süden die gleiche Lichterscheinung als Süd=
licht, und auch für diese Südlichter haben die Beobachtungen
auf St. Helena, Van Diemens Island, Melbourne das Zu=
sammentreffen mit den magnetischen Störungen in gleicher
Weise nachgewiesen.

Aber nicht blos mit den Polarlichtern stehen die mag=
netischen Störungen in Beziehung; es hat auch ein solcher

Zusammenhang mit den Erdbeben, wenigstens der Erscheinung nach, statt, wie dies die beiden folgenden von Lamont beob= achteten Fälle allein schon zur Genüge beweisen.

„Am 18. April 1842 — so erzählte Lamont — um 10 Minuten nach 9 Uhr Morgens sah ich zufälliger Weise bei dem Declinations=Instrumente nach, als die Nadel plötzlich einen Stoß erhielt, daß die Scala aus dem Gesichtsfelde des Fernrohres (womit die Veränderungen der Stellung der Magnetnadel beobachtet werden) hinausfuhr; die Schwingungen dauerten einige Zeit fort, und endlich stellte sich die gewöhnliche Ruhe wieder her. Einige Tage später erhielt ich Nachricht von Colla in Parma, daß er heftige Oscillationen der Nadel beobachtet habe, und die Vergleichung zeigte, daß die Bewegung in Parma in demselben Augenblicke wie in München eintrat. Kurze Zeit danach wurde der Bericht eines französischen Ingenieurs über ein heftiges Erdbeben, welches er in Griechen= land beobachtet hatte, bekannt gemacht, und nun ergab sich, daß das Erdbeben in derselben Minute stattgefunden hatte, wo die heftige Bewegung der Nadel in Parma und München bemerkt worden war."

Am Schlusse des Jahres 1861 schreibt Lamont an den Herausgeber der Annalen der Physik, Professor Poggendorf in Berlin: „Am 26. December 1861, als ich um 8 Uhr Morgens den Stand der magnetischen Instrumente aufzeichnete (wovon im magnetischen Observatorium sechs aufgestellt sind, nämlich zwei für Declination, zwei für Intensität und zwei für Inclination), bemerkte ich an sämmtlichen Instrumenten eine ungewöhnliche Unruhe, bestehend darin, daß der Stand schnell und unregelmäßig um mehrere Theilstriche zu= und wieder abnahm und zugleich ein Zittern in verticaler Richtung eintrat. Das Zittern der Nadeln hielt nur kurze Zeit an, die schnellen Aenderungen des Standes aber dauerten, allmählich an Heftigkeit nachlassend, bis gegen 8½ Uhr fort. Einige Tage später traf die Nachricht ein, daß genau mit obiger Beobachtung gleichzeitig ein Erdbeben an ver= schiedenen Punkten Griechenlands große Verwüstungen ange= richtet hatte."

Aus diesen Mittheilungen darf jedoch keineswegs geschlossen werden, daß die Ursache der Erdbeben auf magnetische Kräfte zurückzuführen ist. Die Sache verhält sich vielmehr ganz anders. Wir haben es nämlich bei den Erdbeben mit einer Bewegung der Erdoberfläche zu thun, bei welcher der Boden sich ähnlich wie das Wasser bei der Wellenbewegung auf= und abwärts um seine Ruhelage bewegt Kommt nun eine solche Bewegung an den Ort, wo die ungemein empfindlich aufgehängten Magnetnadeln sich befinden, so erfahren dieselben eine Erschütterung, deren Wirkung der äußeren Er= scheinung nach Aehnlichkeit mit einer magnetischen Störung hat, aber durch ihren ungemein raschen Verlauf d. h. durch das rasche Zurückkehren der Magnetnadel in die Ruhelage sich wesentlich davon unterscheidet.

Ueberblicken wir diese Hauptresultate, welche die bisherigen Beobachtungen über den Erdmagnetismus ergeben haben, so zeigt sich, daß wir es allerdings mit höchst merkwürdigen Thatsachen zu thun haben, daß aber das vorhandene Material noch immer nicht ausreichend ist, um alle diese Thatsachen sowohl unter sich als mit anderen Naturkräften in einen inneren Zusammen= hang bringen zu können. Die Thätigkeit des magnetischen Vereines ist deshalb noch nicht als abgeschlossen zu betrachten. Freilich erfordert die Weiterführung des Gegenstandes die größte Ausdauer und äußere Hilfsmittel, wie sie blos reicher dotirten Anstalten zur Verfügung stehen. Hoffen wir, daß es auch hier dem wahren wissenschaftlichen Eifer gelingen werde, die Schwierigkeiten zu überwinden, die immer da entgegen= stehen, wo es sich darum handelt, Großes zu leisten.

2. Die elektrischen Fundamental-Erscheinungen.

Die Griechen kannten schon im Alterthume die merkwürdige Eigenschaft, welche der Bernstein erlangt, wenn man ihn mit einem Stückchen Wolle reibt; bringt man nämlich das geriebene Bernsteinstück in die Nähe von leichten Körperchen, wie Papierschnitzeln, den Theilen eines Federbartes u. dgl., so werden diese lebhaft gegen den Bernstein hin angezogen.

Der englische Arzt und Physiker Gilbert, den wir bereits im vorigen Abschnitte kennen gelernt haben, berichtet um das Jahr 1600, daß die angeführte Eigenschaft nicht blos dem Bernsteine zukomme; er fand sie auch am Glase, dem Schwefel, den Harzen und verschiedenen Edelsteinen vor. Wir wissen gegenwärtig, daß diese geheimnißvolle Eigenschaft im Grunde genommen allen Körpern zukommt; wir bezeichnen jedoch die Kraft, womit die leichten Körperchen von einem geriebenen Körper angezogen werden, selbst jetzt noch als Elektricität, welches Wort dem Elektron — so nannten die alten Griechen den Bernstein — seine Entstehung verdankt.

Es ist durchaus nicht schwierig, die genannte elektrische Anziehungserscheinung zu erhalten. Man hat nur nöthig eine Siegellackstange mit einem wollenen Lappen zu reiben und sie dann in die Nähe von kleinen Papierschnitzeln zu halten; letztere werden lebhaft von der Siegellackstange angezogen, sobald sie dieselbe jedoch berührt haben, sogleich wieder abgestoßen. Man kann statt der Siegellackstange auch einen Glasstab nehmen, den man an einem mit Quecksilberamalgam bestrichenen Leder gerieben hat, und wird nun die gleiche Erscheinung beobachten.

Wir wollen jedoch von Anfang an unsere Versuche systematisch anstellen und uns, um diese Anziehung besser studiren zu können, einen kleinen, übrigens ganz einfachen Apparat construiren. In einen kleinen Holzfuß, der etwa die in der folgenden Figur 10 angegebene Form haben kann, stecken wir einen rund abgebogenen und mit einem Häkchen versehenen dünnen Glasstab.

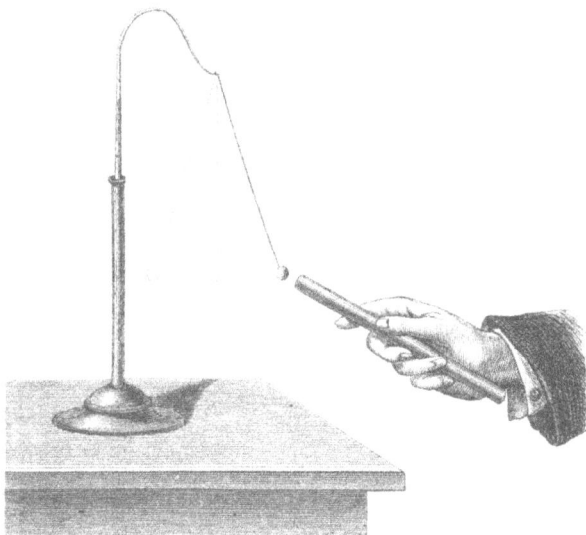

Fig. 10.

Sodann schneiden wir aus Hollundermark ein kleines Kügelchen aus und hängen dieses mittelst eines Seidenfadens an dem Häkchen auf. Dieser kleine Apparat kann uns dazu dienen, das Vorhandensein der Elektricität nachzuweisen — er ist ein Elektroskop und wird gewöhnlich das e l e k t r i s c h e P e n d e l genannt.

Wird nun ein geriebener Glasstab in die Nähe der Hol= lundermarkkugel des elektrischen Pendels gehalten, so wird dieselbe angezogen; hat sie den Glasstab berührt, so wird sie abgestoßen.

Nimmt man anstatt des Glasstabes eine geriebene Siegel=lackstange, so erhält man die gleiche Erscheinung — das Pendel wird angezogen, nach der Berührung aber sogleich abgestoßen.

Will man versuchen, in gleicher Weise einen Metallstab, den man in der Hand hält, durch Reiben elektrisch zu machen, so wird dies nicht gelingen; man wird nie auch nur die ge=ringste Anziehung am Hollundermarkpendel erhalten. Man theilte deshalb in früherer Zeit die sämmtlichen Körper in zwei Klassen: die Körper der ersten Klasse werden durch Reiben elektrisch — man nannte sie idioëlektrische Körper; die Körper der zweiten Klasse werden durch einfaches Reiben nicht elektrisch — sie wurden anelektrische Körper genannt. Diese Eintheilung ist jedoch nicht richtig, wie zuerst der eng=lische Physiker Gray im Jahre 1727 nachgewiesen hat; man darf nur eine kleine Vorsichtsmaßregel anwenden, um auch einen metallischen Körper elektrisch zu machen. Wir wollen zu diesem Behufe den Metallstab an einem Glasstabe befestigen; halten wir den letzteren in der Hand und reiben wir jetzt den Metallstab mit einem Katzenpelze oder einem wollenen Tuche, so wird er eben so elektrisch wie ein idioëlektrischer Körper und zieht das Hollundermarkpendel an. Die Verschiedenheit der idioëlektrischen und der anelektrischen Körper liegt viel=mehr in anderen Punkten, welche wir zunächst betrachten wollen.

Reibt man einen Glasstab, einen Harzstab oder sonst einen idioëlektrischen Körper, so wird derselbe blos an der Stelle elektrisch, an der er gerieben wurde; wird dagegen ein Metallstab oder irgend ein anderer anelektrischer Körper, der mit einem gläsernen Handgriffe versehen ist, gerieben, so verbreitet sich die Elektricität über die ganze Oberfläche des=

selben, also auch über die nicht geriebenen Theile weg, d. h. der idioëlektrische Körper hat blos an der geriebenen Stelle die Fähigkeit erhalten, unser Hollundermarkpendel anzuziehen, der anelektrische Körper hat dieses Vermögen an jeder Stelle erlangt. Beim anelektrischen Körper pflanzt sich die Elektricität über seine ganze Oberfläche fort, er ist ein sogenannter Leiter der Elektricität; der idioëlektrische Körper gestattet der Elektricität keine weitere Verbreitung über die Stellen hinaus, wo das Reiben stattfand, er ist ein schlechter Leiter — oder weniger gut ausgedrückt, ein Nichtleiter — der Elektricität. Da der menschliche Körper selbst ein guter Leiter ist, so wird sich die Elektricität, wenn wir einen Metallstab, den wir in der Hand halten, reiben, von diesem weg über den menschlichen Körper zur Erde, welche gleichfalls ein sehr guter Leiter ist, fortpflanzen. Die entwickelte Elektricität breitet sich also über einen großen Raum aus und wird dadurch so schwach, daß wir keine Wirkung mehr auf unser Elektroskop erhalten können. Sitzt dagegen der Metallstab auf einer schlecht leitenden, gläsernen Handhabe, so kann sich die Elektricität über diese nicht mehr weiter verbreiten; wir werden die Anziehung am elektrischen Pendel beobachten können.

Bringt man einen guten Leiter mit einem schlechten Leiter der Art — wie bei unserem Metallstabe — in Verbindung, daß der letztere sich zwischen dem guten Leiter und der Erde befindet, so sagt man, der Leiter sei isolirt und nennt aus diesem Grunde die schlechten Leiter auch Isolatoren.

Daß die atmosphärische Luft ein schlechter Leiter der Elektricität ist, geht aus den bisherigen Betrachtungen unmittelbar hervor; denn wäre dies nicht der Fall, so würde sich die durch Reiben an einem Körper hervorgerufene Elektricität sogleich in die Luft fortpflanzen und so unserer Wahrnehmung vollständig entziehen. Der Grad der Leitungsfähigkeit der

Luft ist jedoch, sehr veränderlich, und diese Veränderlichkeit rührt von dem stets in mehr oder weniger großer Menge in der Luft vorhandenen Wasserdampfe her. Je trockener die Luft ist, ein um so schlechterer Leiter wird sie für die Elektricität. Feuchte Luft ist immer ein guter Leiter, und daher kommt es, daß es bei feuchter Witterung ungemein schwierig ist, gute elektrische Wirkungen zu erhalten, weil die Elektricität sich sehr schnell von dem elektrisirten Körper aus in die Luft verbreitet. Aus dem gleichen Grunde muß man bei allen elektrischen Experimenten vermeiden, daß sich die isolirenden Theile der Apparate mit Wasserdampf beschlagen; denn diese Theile hören dann sofort auf, ihre isolirende Eigenschaft beizubehalten, weil die Elektricität sich über die Oberfläche des Wasserdampfes, der ein sehr guter Leiter ist, hin ausbreitet. Man muß deshalb bei den Versuchen immer durch Erwärmen, durch Abreiben der einzelnen Theile der Apparate 2c. dafür Sorge tragen, daß Alles sich in möglichst trockenem Zustande befindet.

Wir wollen jetzt unsere Versuche am Hollundermarkpendel mit verschiedenen Körpern fortsetzen, um neue Erscheinungen und Thatsachen constatiren zu können.

Wir nehmen noch einmal den geriebenen Glasstab, lassen das Hollundermarkkügelchen anziehen, berühren und sodann abstoßen. Entfernen wir den Glasstab und nähern wir ihn dann von Neuem, so stößt er das Pendel immer wieder ab. Berühren wir die Hollundermarkkugel mit der Hand und nähern dann den Glasstab, so wird sie sogleich wieder angezogen.

Durch die Berührung mit der Hand wurde also die Elektricität. welche von dem Glasstabe auf die Hollundermarkkugel übergegangen war, durch den menschlichen Körper hindurch zur Erde abgeleitet, das Pendel wurde dadurch in seinen natürlichen — neutralen — Zustand zurückversetzt und so wieder fähig gemacht, die Anziehungserscheinung von Neuem einzugehen.

Wir elektrisiren nun das Pendel neuerdings durch einen geriebenen Glasstab; nachdem es von demselben abgestoßen wird, wollen wir den Glasstab entfernen und an seine Stelle eine geriebene Harzstange bringen, — die Kugel wird von dieser sogleich wieder angezogen.

Kehren wir den Versuch um.

Elektrisiren wir das Pendel durch eine geriebene Harz= stange und nähern wir jetzt der abgestoßenen Hollundermark= kugel den geriebenen Glasstab, so findet wieder die Anziehung statt. Wir sehen also, daß sich die am Glase und am Harze entwickelten Elektricitäten verschieden verhalten.

Untersuchen wir die verschiedenartigsten Körper in der angegebenen Weise, so wird sich zeigen, daß sie alle sich ent= weder wie das Glas oder wie Harz verhalten. Die eine Klasse von Körpern stößt ein vorher an einem Harzstabe elektri= sirtes Pendel ab, zieht dagegen ein Pendel an, welches durch Berührung mit einem geriebenen Glasstabe vorher elektrisirt worden war. Umgekehrt verhalten sich die anderen Körper, sie ziehen das vom Harzstabe zuvor elektrisirte Pendel an und stoßen das Pendel ab, das an einem Glasstabe elektrisirt wurde. Man unterscheidet deshalb zweierlei Elektricitäts= äußerungen: die Harzelektricität, welche durch Reiben eines Siegellackstabes an einem wollenen Tuche hervorgerufen wird, und die Glaselektricität, welche entsteht, wenn man einen Glasstab mit amalgamirtem Leder gerieben hat. Die Glaselektricität heißt man auch die positive, die Harz= elektricität die negative Elektricität. Diese letztere Bezeich= nungsweise verdient sogar den Vorzug, weil man durch zahl= reiche Versuche gefunden hat, daß die Elektricitätsäußerung, welche an einem Körper durch Reiben entsteht, je nach der Natur des reibenden Körpers gerade entgegengesetzt werden kann.

Aus unseren bisherigen Versuchen ergibt sich nun un= mittelbar der Satz: Zwei gleichnamig elektrisirte Körper (beide positiv oder beide negativ) stoßen einander ab; zwei ungleichnamig elektrisirte Körper (der eine positiv und der andere negativ) ziehen einander an.

Wir wollen diesen ungemein wichtigen Satz durch ein paar weitere Experimente noch näher begründen. Zu diesem Behufe hängen wir an dem Häkchen unseres Pendelstatives zwei Hollundermarkkügelchen an seidenen Fäden auf. Im natürlichen Zustande hängen dieselben dann vertical neben einander herab. Sowie wir einen geriebenen Glasstab in die Nähe bringen, werden die beiden Kügelchen angezogen, gelangen in Berührung mit dem Glasstabe, werden dadurch positiv elektrisch und also beide vom Glasstabe abgestoßen. Entfernt man den Glasstab, so fahren die Kügelchen fort sich abzu= stoßen, da sie beide die gleichnamige Elektricität erhalten haben. Das Resultat wird ganz analog, wenn man die Kügelchen mittelst einer geriebenen Harzstange negativ elek= trisirt: beide Kügelchen stoßen sich nach Entfernung der Harz= stange ab.

Um den zweiten Theil unseres Satzes zu beweisen, nehmen wir zwei Hollundermarkpendel. Dem einen theilen wir auf die angegebene Weise positive, dem anderen negative Elektri= cität mit. Sobald man die beiden Pendel sodann einander nähert, ziehen sie sich gegenseitig an.

Man versehe nach Hagenbach einen Hartgummistab in der Mitte mit einem geeigneten Hütchen, so daß er sich auf einer Metallspitze wie eine Magnetnadel frei bewegen kann. Reibt man nun diesen Stab mit einem Pelze, so wird er negativ elektrisch und wird dann durch einen in die Nähe gebrachten, gleichfalls geriebenen Glasstab angezogen, durch einen geriebenen Harzstab dagegen abgestoßen.

Man könnte nach dem Bisherigen vielleicht geneigt sein zu glauben, daß blos der geriebene Körper beim Reiben elektrisch wird; allein dies ist nicht richtig, auch der reibende Körper wird dabei elektrisch und zwar entgegengesetzt elektrisch. Man befestige, um dies zu beweisen, eine Glasscheibe und ebenso eine mit amalgamirtem Leder überzogene Holzscheibe an isolirenden (gläsernen) Handgriffen, reibe die beiden Scheiben an einander und untersuche sie sodann am Pendelelektroskope, so wird man finden, daß die geriebene Glasscheibe positiv, das reibende Leder an der Holzscheibe negativ elektrisch geworden ist.

Die Elektricität besitzt die eigenthümliche Eigenschaft, daß sie sich blos auf der Oberfläche der Körper verbreitet und nicht in das Innere derselben eindringt.. Nehmen wir z. B. eine Messingkugel, welche auf einen isolirenden Glasfuß aufgesetzt ist, und über welche genau zwei Halbkugeln, gleichfalls aus Messing, passen, die aber mit gläsernen Handgriffen versehen sind. Wir theilen nun der vollen Kugel Elektricität mit, bringen die Halbkugeln darüber und ziehen sie sogleich darauf wieder aus einander. Nähern wir nun die volle Kugel unserem Pendelelektroskope, so findet keine Anziehung statt; die Halbkugeln dagegen sind elektrisch geworden und die Elektricität ist also von der Oberfläche der vollen Kugel auf die Oberfläche der beiden Halbkugeln übergegangen.

Für unsere weiteren Versuche wollen wir übrigens unser Elektroskop dahin abändern, daß wir wieder zwei Hollundermarkpendel an dem Häkchen des gebogenen Glasstabes aufhängen, aber diesmal nicht an seidenen Fäden, sondern an zwei ganz feinen Aluminiumdrähten.

Das Aluminium ist nämlich einmal als Metall ein guter Leiter für die Elektricität, es ist ferner ungemein leicht und eignet sich also ganz besonders für unseren Zweck. Sowie wir nun einen elektrisirten Körper mit dem oberen Ende der beiden Aluminiumdrähte in Berührung bringen, so geht die Elektricität auf diese Drähte und die Hollunderkugeln über; die Folge davon ist, daß die beiden Pendel, weil mit gleich- namiger Elektricität geladen, sich abstoßen.

Um die isolirten Messingkugeln, die wir beim letzten Versuche gebrauchten, mit der neuen Einrichtung des Elektro- skopes bequem untersuchen zu können, wollen wir noch einen anderen kleinen Apparat zu Hilfe nehmen: das Probe- scheibchen. Dieses besteht einfach aus einem kreisrunden Stückchen Stanniol oder Blattgold, welches an einen isolirenden Glasstab angekittet ist. Halten wir den Stab in der Hand und berühren wir einen elektrischen Körper mit dem Stanniol- scheibchen, so geht ein Theil seiner Elektricität auf dieses über; berühren wir dann mit dem so elektrisirten Probescheibchen die Aluminiumdrähte unseres Elektroskopes, so wird eine Ab- stoßung der beiden Pendel das Vorhandensein der Elektricität constatiren.

Man nehme nun wieder (Fig. 11) eine hohle Messing- kugel, die auf einem Glasfuße steht und oben ein Loch hat, das hinreichend groß ist, um mit dem Probescheibchen in das Innere hineinfahren zu können. Wird der Kugel Elektricität mitgetheilt, dann das Probescheibchen vorsichtig, ohne an dem Rande des Loches anzustreifen, in das Innere derselben ein- gelassen und damit die innere Oberfläche der Kugel berührt, so zeigt sich nach dem Herausnehmen an unserem Elektroskope, daß keine Elektricität vorhanden ist, das Metall der Kugel mag so dünn als möglich genommen sein. Sowie wir aber die äußere Oberfläche der Kugel mit dem Probescheibchen berühren, werden nach dem Anlegen desselben an das Elektro- skop die beiden Pendel sogleich divergiren. Der um die Elektrici- tätslehre hochverdiente englische Physiker Faraday hat den gleichen Versuch an einem cylindrischen Drahtgeflechte angestellt, das auf eine isolirte Metallscheibe gestellt und in der Figur 11 rechts neben der Kugel zu sehen ist.

Fig. 11.

Wurde dem Drahtgeflechte durch die Metallscheibe Elektricität mitgetheilt und dasselbe dann mittelst des Probescheibchens untersucht, so ergab sich auch hier, daß die Elektricität blos an der äußeren Oberfläche vorhanden war.

Um an einem im natürlichen Zustande befindlichen Körper Elektricität hervorzurufen, haben wir bisher zwei Mittel in Anwendung gebracht: entweder wir hatten den Körper mit einem anderen, gleichfalls im neutralen Zustande befindlichen Körper gerieben, oder wir hatten den ersteren Körper mit

einem zweiten bereits elektrisirten Körper in Berührung ge=
bracht.   Wir wollen nun eine neue Art der Elektricitäts=
erregung kennen lernen, welche darin besteht, daß man einem
im natürlichen Zustande befindlichen Körper einen zweiten
zuvor elektrisch gemachten Körper blos nahe bringt. Wir haben
dann in der Wirkung einige Analogie mit der magnetischen
Induction; man sagt übrigens hier, der Körper sei durch
Influenz elektrisch geworden, und nennt den ersteren (im
neutralen Zustande befindlichen) Körper den influencirten,
den anderen (bereits elektrischen) Körper den influen=
cirenden.

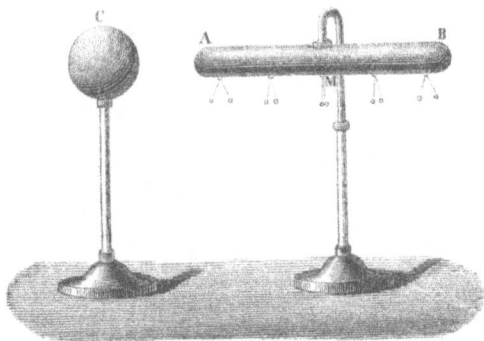

Fig. 12.

Um diese Art der Elektricitätserregung näher zu studiren,
wollen wir einen (Fig. 12) an beiden Enden sorgfältig abge=
rundeten (den Grund dieser Einrichtung werden wir bald
kennen lernen) Metallcylinder A B auf einen isolirenden Glasfuß
aufsetzen und zunächst an den beiden Enden desselben Hol=
lundermarkpendelpaare an Aluminiumdrähten aufhängen. So
lange der Metallcylinder unelektrisch ist, werden die beiden
Pendelpaare vertical herabhängen. Wir bringen nun in die
Nähe — durch Luft oder einen anderen Isolator getrennt —

eine auf einem Glasfuße befindliche, bereits elektrisirte Metall-
kugel C; sogleich werden die Pendel durch die Abstoßung
divergiren, was beweist, daß durch das Nahebringen der
elektrischen Kugel C in dem Metallcylinder A B Elektricität
durch Fernewirkung — Vertheilung, Influenz — hervorgerufen wurde.

Wir wollen nun an unserem isolirten Metallcylinder eine
Reihe von Pendelpaaren, an Aluminiumdrähten aufgehängt,
anbringen, wie dies die vorstehende Figur 12 zeigt. Stellen
wir dann die elektrisirte Kugel in seine Nähe, so wird man
wahrnehmen, daß die Pendelpaare an den Enden des Cylinders
am weitesten auseinandergehen, daß dagegen das Pendelpaar,
welches sich in der Mitte befindet, gar keine Divergenz anzeigt.
Daraus ist ersichtlich, daß die Elektricität an den beiden Enden
am stärksten ist, von da an abnimmt bis zur Mitte, wo kein
elektrischer Zustand mehr nach Außen sich kundgibt.

Untersucht man den Cylinder näher, so ergibt sich, daß
die beiden Hälften desselben nicht die gleiche Elektricitätsäußerung insoferne zeigen als das der Kugel zugewendete
Ende des Cylinders die entgegengesetzte Elektricität, das abgewendete Ende die gleichnamige Elektricität wie die Kugel
durch deren Influenz erhalten hat. War also die Kugel
positiv elektrisch, so wird das derselben zugewendete Ende des
Cylinders negativ, das abgewendete Ende positiv elektrisch
werden; war dagegen die Kugel negativ elektrisch, so wird
der Cylinder an dem der Kugel zugewendeten Ende positive,
am anderen Ende negative Elektricität zeigen. Man kann
sich hievon mittelst des Probescheibchens und des Elektroskopes
mit einem an einem Seidenfaden aufgehängten Hollundermarkkügelchen überzeugen. Theilt man diesem eine bestimmte
Elektricität, z. B. positive, mit, und hebt man mittelst des
Probescheibchens nach einander von den beiden Hälften des
Cylinders Elektricität ab, so wird man aus der hervorge-

4 *

brachten Anziehung oder Abstoßung die Richtigkeit des oben
ausgesprochenen Satzes sogleich ersehen.

Läßt man die elektrisirte Kugel durch Annäherung an
den Metallcylinder auf denselben influencirend einwirken und
entfernt sie dann wieder, so verschwindet auch die auf dem
Cylinder erregte Elektricitätsäußerung, was man sogleich
daran erkennt, daß die angebrachten Pendel zusammenfallen.

Stellt man hinter den Messingcylinder noch einen zweiten,
der ebenfalls an den beiden Enden elektrische Pendelpaare
trägt, und bringt man in die Nähe des ersten Cylinders die
elektrisirte Kugel, so werden auch die Pendel auf dem zweiten
Cylinder das Vorhandensein von Elektricität anzeigen. Stellt
man hinter den zweiten Cylinder noch einen weiteren, so
zeigt auch dieser die gleiche Erscheinung; die influencirte Elektricität wirkt also wieder influencirend.

Hatte die ursprünglich elektrisirte Kugel positive Elektricität, so zeigt der erste Cylinder am zugewendeten Ende
negative, am abgewendeten Ende positive Elektricität. Diese
positive Elektricität wirkt influencirend auf den zweiten Cylinder, so daß am zugewendeten Ende desselben wieder negative,
am abgewendeten Ende positive Elektricität auftritt, und so fort
für die übrigen Cylinder.

Entfernt man die Kugel, so sinken alle Pendelpaare zusammen, die einzelnen Cylinder treten in den neutralen Zustand zurück.

Man nehme wieder den mit Pendelpaaren versehenen
Messingcylinder und bringe eine positiv elektrisirte Kugel
in seine Nähe; man berühre, nachdem die Pendel divergiren,
das der Kugel abgewendete Ende des Cylinders mit dem
Finger, so wird dadurch die positive Elektricität dieser Hälfte
zur Erde abgeleitet, das daselbst befindliche Pendelpaar sinkt
zusammen. Entfernt man nun die Kugel oder entlädt man
dieselbe durch Verbinden mit der Erde und entfernt man

auch den Finger von dem abgewendeten Ende des Cylinders, so werden wieder die beiden Pendelpaare divergiren, und eine nähere Untersuchung mit dem Probescheibchen zeigt, daß jetzt der ganze Cylinder mit negativer Elektricität geladen ist. In gleicher Weise kann der Cylinder aber auch mit positiver Elektricität geladen werden, wenn man der Kugel ursprünglich negative Elektricität ertheilt und ebenso wie im vorhergehenden Falle operirt.

Bevor wir nun mit unseren Experimenten weiter fort= fahren, wollen wir Einiges über die verschiedenen Ansichten mittheilen, welche man über das Wesen der Elektricität bis= her aufgestellt hat. Die frühesten Experimentatoren, worunter namentlich auch der berühmte Gilbert, welche von den elektrischen Erscheinungen nichts kannten als die Anziehung und Abstoßung, dachten sich die Sache so, daß ölichte und klebrige Ausflüsse von den geriebenen Körpern ausgehen und in dieselben wieder zurückfließen; man dachte sich diese Aus= flüsse in Form eines Dunstkreises angesammelt und sprach deshalb von einer elektrischen Atmosphäre.   Wir könnten ähnliche Ansichten, welche theilweise sogar von berühmten älteren Physikern aufgestellt wurden, in großer Anzahl unseren Lesern vorführen; wir wollen dies jedoch unterlassen und blos zwei Hypothesen etwas näher betrachten, welche sich zeitweise großes Ansehen verschafft hatten. Bei beiden Hypo= thesen stellt man sich die Elektricität als eine äußerst feine, sehr bewegliche Flüssigkeit — das elektrische Fluidum — vor. Die eine Hypothese, welche von Franklin aufgestellt wurde, nimmt die Existenz nur eines einzigen elektrischen Fluidums an; die andere Hypothese, von Dufay, dem Entdecker der beiden entgegengesetzten Elektricitäten, aufgestellt und von dem Engländer Symmer weiter ausgebildet, setzt die Existenz zweier elektrischer Fluida zur Erklärung der Fundamental= erscheinungen voraus.

Nach der Franklin'schen Ansicht besitzt ein jeder Körper im neutralen Zustande eine ganz bestimmte Menge elektrischen Fluidums, welche von seiner Masse und Natur abhängig ist. Reibt man nun den Körper, so wird dadurch seine Elektricität vermehrt oder vermindert; im ersteren Falle wird er positiv, im letzteren negativ elektrisch. So einfach diese Hypothese erscheint, so lassen sich damit die elektrischen Erscheinungen doch nur sehr mangelhaft erklären und sie verdankt das hohe Ansehen, das sie lange Zeit genossen hat, lediglich der Berühmtheit ihres Urhebers.

Nach der Dufay-Symmer'schen Hypothese sind die beiden elektrischen Fluida bei einem im neutralen Zustande befindlichen Körper in gleicher Menge vorhanden und ihre Wirkung hebt sich gegenseitig auf. Wird jedoch ein Körper gerieben, so werden die beiden Fluida frei und der Körper wird elektrisch. Reibt man einen Glasstab, so sammelt sich auf demselben das positive, auf dem Reibzeuge das negative Fluidum an; umgekehrt bei einem geriebenen Harzstabe.

Nach dem gegenwärtigen Standpunkte der Wissenschaft können wir auch diese Ansicht nicht als richtig anerkennen, doch hat sie einen großen Vorzug vor der Franklin'schen, den nämlich, daß sie eine bequeme Darstellung und Classification einer großen Reihe von beobachteten Erscheinungen zuläßt, sie kann daher höchstens als ein geeignetes conventionelles Hilfsmittel, aber durchaus nicht als eine physikalische Wahrheit betrachtet werden.

Es wurde bereits der Nachweis geliefert, daß die Elektricitätsäußerung blos an der Oberfläche der elektrisirten Körper ausgebreitet ist; wir wollen nun einen wohl isolirten Leiter der Elektricität nehmen und untersuchen, wie sich die Elektricität auf der Oberfläche desselben vertheilt. Man kann dies mittelst eines genauen Elektrometers z. B. der Coulomb'schen Drehwaage und des Probescheibchens ausführen. Untersuchen wir die Stärke der Elektricitätsäußerung an verschiedenen Punkten einer elektrisirten Kugel, so finden wir, daß dieselbe an allen Punkten ihrer Oberfläche die gleiche ist. Die Gleichmäßigkeit der Vertheilung hört auf, sobald der isolirte Leiter nicht mehr die Kugelgestalt besitzt. Nehmen wir z. B. einen metallischen, an beiden Enden abgerundeten Cylinder, der auf einem Glasfuße steht, so nimmt die Stärke der elektrischen Ladung von der Mitte nach den Enden hin zu. Coulomb, dem wir eine große Menge sehr genauer Messungen verdanken, fand z. B. bei einem solchen Cylinder von 8 Zoll Länge und 2 Zoll Durchmesser, daß, wenn er die Ladung in der Mitte gleich Eins setzte, dieselbe am Ende mehr als das Doppelte betrug.

Versieht man das eine Ende eines solchen Cylinders mit einer Metallspitze, so wird die Dichtigkeit d. i. das Verhältniß der Elektricitätsmenge zur Größe der Oberfläche an dieser Spitze unendlich groß werden; daher kommt es denn auch, daß die Elektricität von einer solchen Spitze aus sich sehr leicht in die umgebende Luft ausbreitet, aus derselben gleichsam ausströmt.

Die Elektrisirmaschine.

Man hat bisher zwei Arten der Elektricitätserregung, nämlich die Reibung und die Influenz benützt, um Apparate herzustellen, welche die Elektricität in großer Menge zu liefern im Stande sind, und die man Elektrisirmaschinen nennt.

Der Erfinder der Elektrisirmaschine ist der Magdeburger Bürgermeister Otto von Guericke (geb. 1602, gest. 1686), der sich durch eine Reihe von wichtigen Erfindungen, worunter besonders die der Luftpumpe hervorzuheben ist, einen berühmten Namen in der Wissenschaft gemacht hat.

Guericke ließ eine an einem hölzernen Gestelle an=
gebrachte Schwefelkugel mittelst einer Kurbel in Umdrehung
versetzen, während er gleichzeitig die Kugel durch Anlegen der
trockenen Hand rieb, wodurch Elektricität entwickelt wurde.

Der Engländer Hawksbec nahm anstatt der Schwefel=
kugel eine Glaskugel, an welcher er gleichfalls durch Reiben
mit der Hand Elektricität entwickelte. Das Reiben mit der
Hand bot jedoch seine Schwierigkeiten dar, da nicht alle
Menschen hinreichend trockene Hände besitzen, daß die Elek=
tricität auf solche Weise in größerer Menge erzeugt werden
kann. Diesem Uebelstande half der Leipziger Professor Johann
Heinrich Winkler in der Mitte des vorigen Jahrhunderts
durch Anbringen von eigenen Reibkissen ab, welche mittelst
Federn an das Glas angedrückt wurden; ein Drechsler in
Leipzig, Namens Giessing, war es, der ihn auf diese Ein=
richtung geführt hatte.

Um die entwickelte Elektricität anzusammeln, hatte man
zuerst einen metallischen Cylinder — den Conductor —
an seidenen Schnüren aufgehängt und ließ von ihm aus
Silberschnüre herabgehen, welche den geriebenen Körper un=
mittelbar berührten.

Die Elektrisirmaschine war sonach immer ein sehr un=
vollkommener Apparat und sie hatte vielfache Uebergangs=
stadien durchzumachen, bis sie zur gegenwärtigen Höhe der
Vollendung gebracht werden konnte. Man hat dem geriebenen
Glaskörper die mannigfachsten Formen gegeben; am häufigsten
wurde jedoch eine ebene, kreisförmige Glasscheibe verwendet.
Wer zuerst die Scheibenform in Anwendung brachte, läßt
sich nicht mit Sicherheit feststellen; so viel ist gewiß, daß um
das Jahr 1766 der bekannte englische Mechaniker Ramsden
bereits Maschinen mit runden Glasscheiben verfertigte, die
allgemeinen Beifall fanden.

Große Berühmtheit erlangten ihrer Zeit die Maschinen, welche unter van Marum's Leitung von Cuthbertson in Amsterdam am Ende des vorigen Jahrhunderts gebaut wurden.

Die größte Maschine, welche wohl jemals ausgeführt wurde, hat der genannte Mechaniker für das Teyler'sche Museum in Harlem verfertigt. Acht Reibkissen erregten die Elektricität an zwei Glasscheiben, deren jede 65 englische Zoll im Durchmesser hatte; der Conductor besaß eine Oberfläche von 23½ Quadratfuß, und die Maschine gab bei günstiger Witterung 24 Zoll lange Funken.

So beträchtlich die Leistung dieser Maschine erscheinen mag, so hat doch van Marum bei kleinerem Scheibendurchmesser größere Wirkungen durch eine andere Construction erhalten, die aber später von Anderen gleichfalls vielfach abgeändert wurde. In der neuesten Zeit hat die Winter'sche Construction der Elektrisirmaschine große Anerkennung gefunden, weßhalb wir dieselbe etwas näher betrachten wollen.

Winter wendet bei seinen Reibungselektrisirmaschinen (Fig. 13) blos ein einziges Reibkissenpaar A, A an. Nahe diametral demselben gegenüber steht auf einem starken Glasfuße der kugelförmige Conductor K, mit welchem die beiden Holzringe C, C verbunden sind. In diesen Holzringen sind Rinnen vertieft angebracht und in diese Vertiefungen Stanniolstreifen eingelegt, auf welche Reihen von Metallspitzen aufgesetzt sind. Die Stanniolstreifen sind bis zum metallenen Verbindungsstücke der Holzringe mit dem Conductor fortgesetzt, so daß dieser also in leitender Verbindung mit den Spitzenreihen steht. Die Glasscheibe ist zwischen zwei runden Holzstückchen c, c verschraubt, in welche eine lange Glasachse eingekittet ist, die, in zwei hölzernen Lagerständern laufend, mittelst einer Kurbel in Umdrehung versetzt werden kann. Mit den beiden Reibkissen ist der cylindrische, an beiden

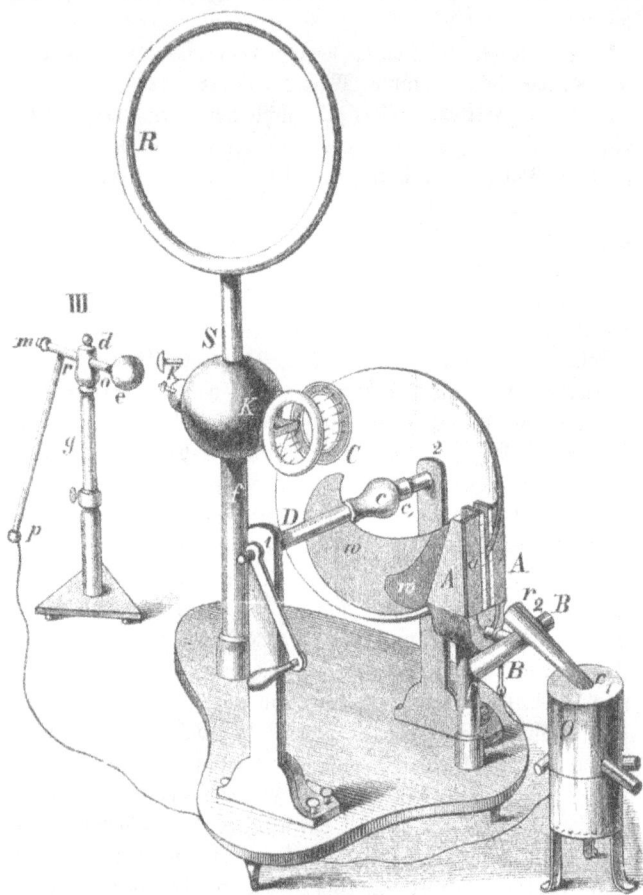

Fig. 13.

Enden abgerundete messingene Conductor BB durch einen
Blechstreifen leitend verbunden. Das Holzgestelle, welches
die Reibkissen trägt, ist durch einen kurzen Glasfuß isolirt.
Von den Reibkissen gehen Wachstaffetflügel w aus, welche
an der Seite, die der Glasscheibe zugewendet ist, zweckmäßig
noch mit Seidenzeug beklebt werden und die nahe bis an
die Holzringe C reichen.

Will man nun den Conductor K mit positiver Elek=
tricität laden, so wird der Conductor BB mit der Erde durch
eine Kette oder Metallschnur leitend verbunden und die Scheibe
in Umdrehung versetzt. Durch das Drehen wird die Glas=
scheibe an den Reibkissen positiv elektrisirt; die positive Elek=
tricität, an den Spitzen in den Holzringen angelangt, wirkt
hier influencirend auf dieselben ein: die angezogene negative
Elektricität strömt gegen die Scheibe aus und neutralisirt
dieselbe, während die abgestoßene positive Elektricität sich auf
dem Conductor K ansammelt.

Soll die an den Reibkissen beim Drehen der Glasscheibe
entwickelte negative Elektricität angesammelt werden, so hebt
man die leitende Verbindung des Conductors BB mit der
Erde auf und stellt dagegen eine solche leitende Verbindung
des Conductors K mit der Erde her; es wird dann die
negative Elektricität auf dem Conductor BB angesammelt.

Will man aus dem Conductor der Maschine sehr kräftige
Funken ziehen, so benützt man einen eigenen Funkenzieher;
die Stärke der Funken wird noch durch einen auf den Con=
ductor K aufgesetzten Holzring SR erhöht, welcher in seinem
Innern einen feinen Messingdraht trägt. Um die Scheibe und
ihre Umgebung möglichst trocken zu erhalten, bringt man hinter
den Reibkissen das Ausmündungsrohr eines kleinen Kohlen=
ofens an.

Winter erzielte mit seinen Maschinen ganz außerordent=
liche Wirkungen; Pisko führt in seinem Berichte über die

Pariser Ausstellung vom Jahre 1867 an, daß die daselbst von **Winter** ausgestellte Maschine bei 95½ cm Scheibendurchmesser Funken bis zu 52 cm Länge gegeben habe.

Bei allen bisher erwähnten Elektrisirmaschinen wurde die Elektricität durch Reiben zweier fester Körper an einander erzeugt; allein auch durch Reibung eines Körpers im gasförmigen Zustande an einem festen Körper kann Elektricität entwickelt werden.

Diese Thatsache wurde durch einen Zufall entdeckt. Ein Mechaniker in der Nähe von Newcastle, welcher damit beschäftigt war, ein Sicherheitsventil an einer Dampfmaschine zu reguliren, erhielt einen Funken und einen heftigen Schlag, wenn er die eine Hand in den aus einer Fuge ausströmenden Dampf, die andere an den Hebel des Ventiles brachte. **Armstrong**, von dieser Erscheinung in Kenntniß gesetzt, untersuchte die Sache näher und construirte eine eigene Dampfelektrisirmaschine, welche in nachstehender Figur 14 abgebildet ist.

Der Dampf wird von dem Dampfkessel aus in eine mit mehreren Ausströmungsröhren versehene Büchse geleitet; die Röhren sind im Innern mit Buchsbaumholz gefüttert, an welchem sich der ausströmende Dampf heftig reibt und dadurch elektrisch wird. Dem Dampfstrahle gegenüber wird ein metallener Spitzenkamm aufgestellt, der mit dem isolirten Conductor in leitender Verbindung steht. Strömt nun der Dampf an dem Buchsbaumholze aus, so wird er positiv elektrisch; die an den Spitzen durch Influenz hervorgerufene negative Elektricität strömt aus, und die positive Elektricität wird auf dem Conductor angesammelt.

Will man die elektrische Influenz in Anwendung bringen, um Apparate herzustellen, mit welchen eine größere Menge Elektricität angesammelt werden kann, so muß nach unseren bisherigen Erfahrungen eine gewisse, wenn auch geringe

Menge von Elektricität vorher schon vorhanden sein oder erregt werden.

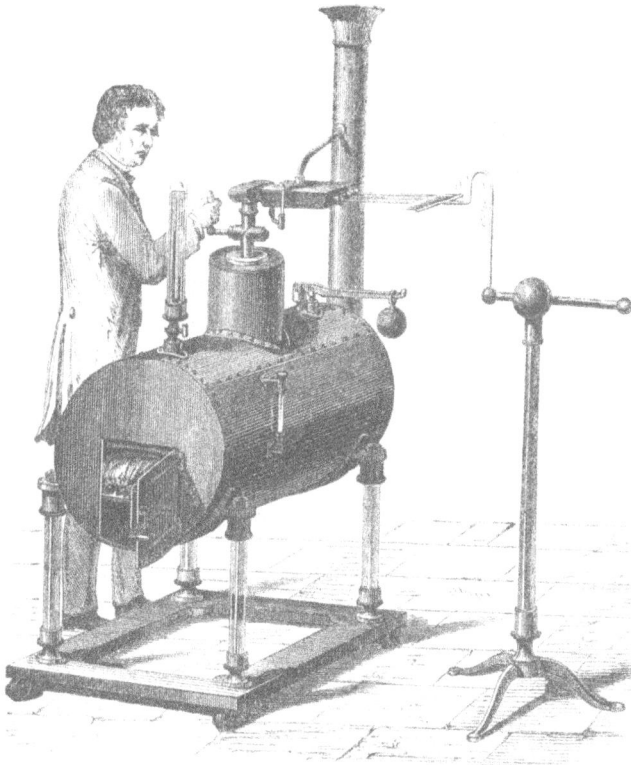

Fig. 14.

Diese ursprünglich zu erregende Elektricität wird immer wieder durch Reibung erhalten, so daß durch Influenz blos die Vermehrung oder Ansammlung der geringen durch die Reibung erregten Elektricitätsmenge bewerkstelligt wird.

Der erste hieher gehörige Apparat ist der von Wilcke im Jahre 1762 erfundene, von Volta verbesserte Elektrophor. (Fig. 15.)

Fig. 15.

Der Elektrophor besteht gewöhnlich aus einer in eine metallene Form gegossenen kreisförmigen Harzscheibe, auf welche eine mit wohl abgerundetem Rande versehene Metallscheibe aufgesetzt wird, die an ihrer oberen Fläche einen gläsernen Griff trägt. Die Harzscheibe nennt man den Kuchen, den Metalldeckel den Schild des Elektrophors. Wird nun der Kuchen durch Reiben oder Peitschen mit einem Fuchsschwanze oder Katzenpelze negativ elektrisch gemacht und setzt man den Schild auf, so wirkt die negative Elektricität des Kuchens influencirend auf den Schild; die untere Fläche desselben wird positiv, die obere negativ elektrisch werden. Berührt man die obere Fläche mit dem Finger, so wird die negative Elektricität durch den Körper des Experimentators zur Erde abgeleitet und es bleibt im Schilde blos die positive Elektricität zurück. Hebt man den Schild am isolirenden Handgriff ab, so ist er also mit positiver Elektricität geladen und

man kann aus ihm wie aus dem Conductor einer Elektrisir=
maschine Funken ziehen.

Im Jahre 1864 wurde nahe gleichzeitig von Professor
Töpler und Holtz das Princip der Influenz zur Her=
stellung von eigentlichen Elektrisirmaschinen benützt. So großes
wissenschaftliches Interesse auch die Töpler'sche Influenz=
Elektrisirmaschine besitzt, so verschaffte sich doch die Holtz'sche
Einrichtung eine raschere und allgemeinere Verbreitung in
den physikalischen Laboratorien, da sie bei größerer Einfachheit
weit stärkere Wirkungen als die Töpler'sche gibt. Bald
nachdem Holtz seine Maschine zur öffentlichen Kenntniß ge=
bracht hatte, beschäftigte sich auch der Verfasser eingehender
mit dem Apparate und hat demselben schließlich eine ungemein
einfache constructive Einrichtung gegeben, welche in der fol=
genden Fig. 16 dargestellt ist.

Die Influenzmaschine besteht danach aus zwei kreis=
förmigen Glasscheiben, wovon die eine, etwas größere, fest=
steht, die andere um eine Achse mittelst des Rades R und
einer Schnur ohne Ende in rasche Rotation versetzt werden
kann. Die feststehende Scheibe trägt zwei einander diametral
gegenüberstehende Papiersectoren, welche sich an den kreis=
förmigen Ausschnitten im Glase befinden. Von den Papier=
belegen aus reichen Spitzen aus Cartonpapier, die mit
Stanniol überzogen sind, bis auf die Hälfte der Ausschnitte
in dieselben hinein. Vor der rotirenden Scheibe, den Papier=
belegen gegenüber, steht das metallene Conductorsystem,
welches in seinen wesentlichen Theilen durch die folgende
schematische Fig. 17, in der A B die feste, C D die rotirende
Scheibe bedeuten, dargestellt ist.

Sollen nun mit einer solchen Electrisirmaschine Ver=
suche angestellt werden, so muß man dieselbe vor Allem er=
regen, d. h. man muß ihr eine geringe Elektricitätsmenge
durch Influenz mittheilen. Es geschieht dies mittelst einer

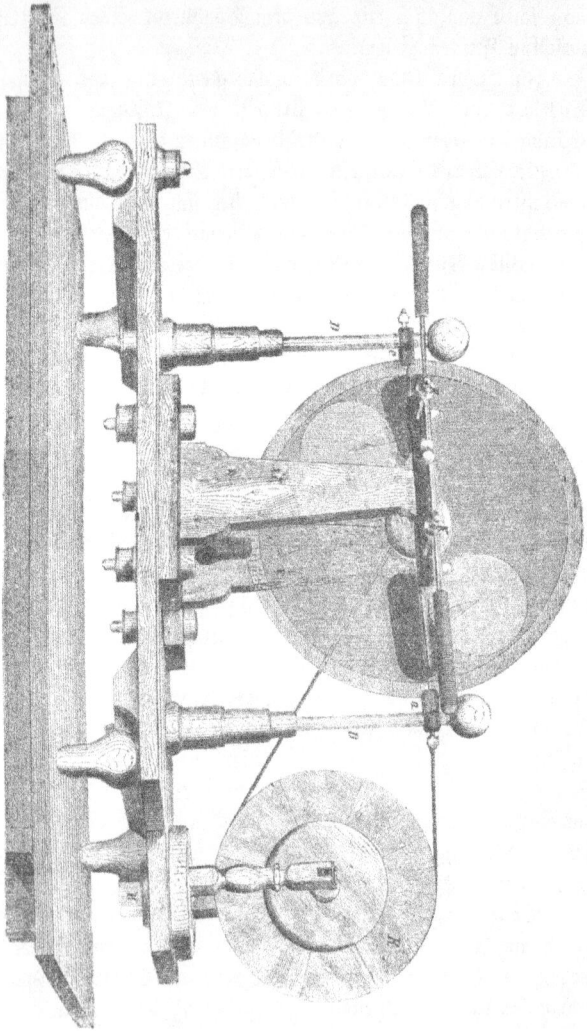

Fig. 16.

Hartgummiplatte, welche durch Reiben mit einem Katzenpelze negativ elektrisch gemacht wird. Hält man die so elektrisirte Platte H hinter die eine der Papierbelegungen, während man

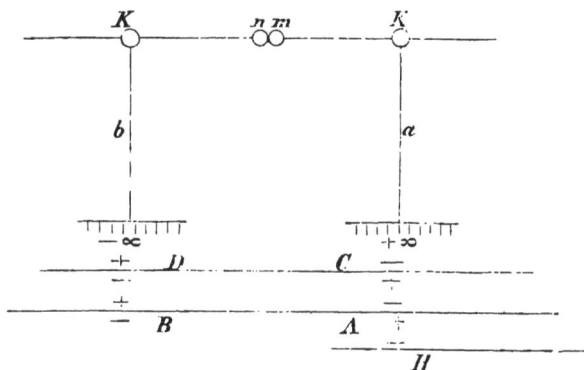

Fig. 17.

gleichzeitig die kleinere Glasscheibe in Rotation versetzt und zwar in dem Sinne, daß sie sich gegen die in die Ausschnitte der festen Glasscheibe hineinragenden Stanniolspitzen bewegt, so hört man ein knisterndes Geräusch, welches rasch an Stärke zunimmt und schon nach wenigen Secunden ein Maximum erreicht. Bis dahin ist es zweckmäßig, die Conductorkugeln m und n in Berührung zu lassen; zieht man jetzt aber dieselben aus einander, so springt zwischen den beiden Kugeln ein continuirlicher Funkenstrom über.

Bevor wir nun die Wirkungen unserer Elektrisirmaschine betrachten können, müssen wir noch eine andere Einrichtung kennen lernen, womit es möglich ist, die von einer Elektrisirmaschine gelieferte Elektricität anzuhäufen — es ist dies die Leydener Flasche.

Im October 1745 machte der Prälat von Kleist zu Camin in Pommern einen merkwürdigen electrischen Versuch,

welchen er am 4. November seinem Freunde Dr. Lieber =
kühn in Berlin mittheilte. Er hatte nämlich einen eisernen
Nagel in ein Medicinfläschchen gesteckt, in welchem sich etwas
Alkohol oder Quecksilber befand; den Nagel elektrisirte er an
dem Conductor einer Elektrisirmaschine und empfand dann,
wenn er ihn mit der Hand berührte, einen empfindlichen
Schlag in Arm und Achsel. Als andere Physiker diesen
Versuch nachmachen wollten, gelang er nicht; der Grund davon
lag darin, daß Derjenige, welcher den Schlag erhalten soll,
die Flasche in der Hand halten muß, was Kleist nicht er =
kannt hatte.

Unterdessen wurde jedoch an einem anderen Orte der
Versuch angestellt und zugleich die Bedingungen, welche zum
Gelingen erforderlich sind, daselbst genau studirt.

Cunaeus in Leyden, ein Schüler des berühmten
Physikers Muschenbroeck, wollte nämlich im Januar 1746
das in einer Flasche enthaltene Wasser elektrisiren; er nahm
zu diesem Behufe die Flasche in die eine Hand, während er
in die Flüssigkeit einen Metallstab einsenkte, der an dem
Conductor einer Elektrisirmaschine aufgehängt war.

Als er glaubte, daß das Wasser hinreichend mit Elektri=
cität geladen sei, wollte er, ohne daß er die Flasche aus der
Hand legte, mit der anderen Hand den am Conductor an=
gehängten Draht wegnehmen. In demselben Momente erhielt
er zu seinem großen Erstaunen einen heftigen Schlag.
Muschenbroeck, der den Versuch von Cunaeus wieder=
holte, gerieth über den Schlag, den er erhielt, in so großen
Schrecken, daß er, als er diese neue Erscheinung an Reaumur
berichtete, beifügte, um Nichts in der Welt, selbst wenn man
ihm die Krone Frankreichs anböte, möchte er sich wieder einen
solchen Schlag geben lassen. Das Experiment machte so
großes Aufsehen, daß es schon wenige Monate nach seiner
Entdeckung dem großen Publicum um Geld gezeigt wurde.

Der Prälat v. Kleist war also der Erste, der den Versuch machte; allein er erkannte die Bedingungen nicht, um ihn mit Sicherheit wiederholen zu können. Diese stellte dagegen Cunaeus, der Physiker zu Leyden, zuerst auf, und es hat also seine volle Berechtigung, daß die Bezeichnung „Leydener Flasche" mehr Eingang fand, als die der „Kleist'-schen Flasche".

Die einfachste Form der Leydener Flasche ist die Frank-lin'sche Ladungstafel, und wir wollen deshalb zuerst an dieser den Cunaeus'schen Versuch näher studiren.

Die Franklin'sche Tafel besteht aus einer rechteckigen Glastafel, die auf ein geeignetes Stativ aufgesetzt und auf beiden Seiten bis auf ein paar Zoll vom Rande weg mit Stanniol belegt ist. Verbindet man nun die eine der Stanniol-belegungen A B (Fig. 18) mit dem geladenen positiven Con-ductor einer Elektrisirmaschine, so geht ein Theil der positiven Elektricität auf die Belegung selbst über. Diese wirkt influencirend auf die andere Stanniolbelegung, die negative Elektricität wird angezogen, die positive dagegen abgestoßen. Verbindet man sodann die Rückseite der Belegung C D leitend mit der Erde, so wird die abgestoßene Elektricität abgeleitet; die angezogene negative Elektricität wird dagegen von der positiven Elektricität der ersten Belegung angezogen und so gebunden gehalten; sie hält aber ihrerseits gleichfalls einen Theil der vom Conductor übergegangenen positiven Elektricität in gleicher Weise gebunden, und es kann neuerdings positive Elektricität vom Conductor übergehen. Dann wiederholt sich der Vorgang in der angegebenen Weise und zwar so lange fort, bis die Dichte der nicht gebundenen (d. h. von der negativen Elektricität der Belegung C D nicht angezogen ge-haltenen) positiven Elektricität gleich ist der Dichte der freien positiven Elektricität auf dem Conductor selbst. Ist dieser Punkt erreicht, so ist die Franklin'sche Tafel geladen.

Entfernt man die Verbindung mit der Erde und auch die mit dem Conductor, so kann man die Belegung C D mit der Hand berühren, ohne daß die Ladung sich ändert, weil die negative Elektricität dieser Belegung angezogen gehalten wird und daher nicht abgeleitet werden kann. Berührt man dagegen die Belegung A B, so wird die freie positive Elektricität derselben zur Erde abgeleitet; da aber nicht bloß die gebundene, sondern auch die freie positive Elektricität er=

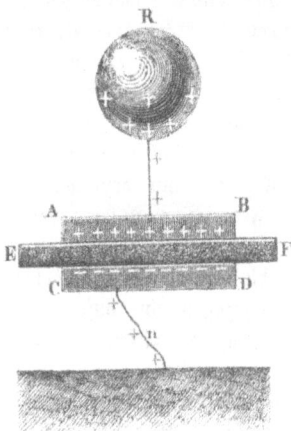

Fig. 18.

forderlich war, um alle negative Elektricität der Belegung C D gebunden zu halten, so wird jetzt ein Theil derselben nicht mehr angezogen und also frei. Berührt man nun die Be=legung C D, so wird der Vorgang umgekehrt und man kann so durch abwechselndes Berühren der beiden Stanniolbelegungen die Franklin'sche Tafel allmählich entladen.

Nimmt man dagegen wieder eine geladene Franklin'sche Tafel und bringt man an den Belegen A B und C D in der durch folgende Fig. 19 angedeuteten Weise gute Leiter G und H an, deren Enden I und K nahe bei einander stehen, so geht ein Theil der freien positiven Elektricität an das Ende I; dadurch wird aber nicht mehr die gesammte negative Elektricität der Belegung C D gebunden gehalten und die dadurch frei gewordene negative Elektricität geht an das Ende K.

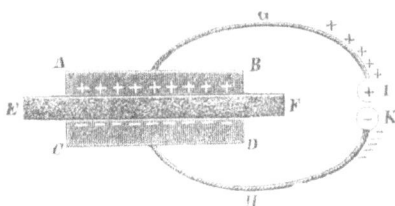

Fig. 19.

Sodann wird auch wieder auf A B positive Elektricität frei, geht nach I und so fort. Nähert man die Enden I und K einander hinreichend, so wird die Spannung der beiden Elektricitäten groß genug, um den sie trennenden Isolator — die Luft — zu durchbrechen und sich unter Begleitung eines lebhaften Funkens zu vereinigen.

Die Leydener Flasche unterscheidet sich von der Franklin'=schen Tafel blos durch ihre Form.

Ein cylindrisches Glasgefäß ist an seiner äußeren und inneren Fläche bis auf ein paar Zoll vom Rande weg mit Stanniol belegt; zu der inneren Fläche (Fig. 20) führt ein guter Leiter — ein Metalldraht —, der außerhalb des Glases in einen runden Knopf endigt, während die äußere Belegung mit der Erde in leitende Verbindung gesetzt wird. Verbindet man nun den Metallknopf der Flasche mit dem Conductor einer Elektrisirmaschine, so hat die Ladung ganz ebenso wie bei der Franklin'schen Tafel statt und das Gleiche gilt auch für die Entladung der Flasche.

Wir sind jetzt in den Stand gesetzt, die wichtigeren Eigenschaften und Wirkungen der elektrischen Entladung in Betracht
zu ziehen.

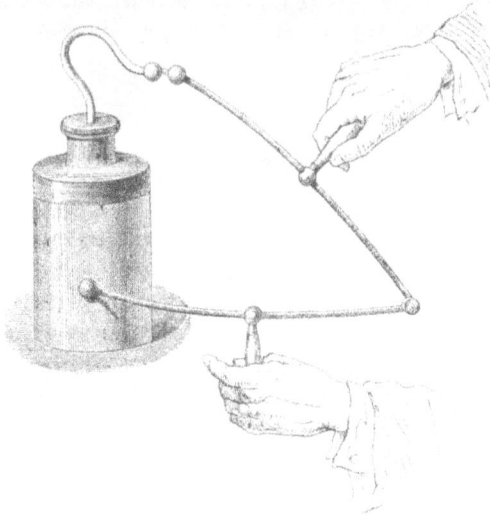

Fig. 20.

Daß mit der elektrischen Entladung eine Lichterscheinung
verbunden ist, hat uns bereits der damit gleichzeitig auftretende Funken gezeigt. Operirt man mit einer Influenzelektrisirmaschine, so zeigt sich der Ausgleich der beiden entgegengesetzten Elektricitäten als ein förmlicher Strom von
einzelnen Funken; verbindet man aber in geeigneter Weise
die beiden Conductoren der Maschine mit Leydener Flaschen,
so erhält man einen sehr intensiven geschlossenen Funken.

Bewerkstelligen wir eine solche Entladung durch die von
Geißler in Bonn erfundenen (Fig. 21) und nach ihm be-
nannten Röhren, welche aus geschlossenen, mit verdünnter

Luft oder einem anderen verdünnten Gase gefüllten Glas=
gefäßen bestehen und gegenwärtig in den mannigfachsten
Formen im Handel vorkommen, so zeigen sich die pracht=
vollsten Licht= und Farbenerscheinungen, auf welche bereits im
dritten Bande der Naturkräfte aufmerksam gemacht wurde.

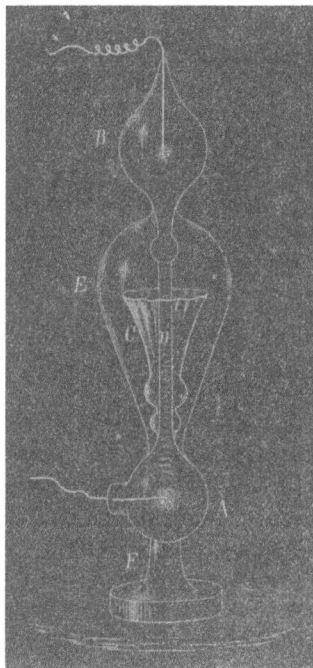

Fig. 21.

Mit der Lichterscheinung bei der elektrischen Entladung
sind auch Wärmewirkungen verbunden; so kann man
bei stärkeren Entladungen Metalldrähte zum Glühen und
selbst zum Schmelzen bringen, sowie Pulver entzünden. Man

hat deshalb auch die Entladung benützt, um auf größere Ent=
fernungen mittelst des elektrischen Funkens Pulverladungen
für Felsen= oder Minensprengungen zu entzünden.

Auch mechanische Wirkungen erzeugt die elektrische
Entladung; lassen wir den Funken durch Pappdeckel, Holz
oder Glas schlagen, so wird es durchbohrt und unter Um=
ständen sogar zertrümmert.

Physiologische Wirkungen erhält man, wenn man
die Entladung durch den menschlichen Körper gehen läßt;
man erfährt dann einen heftigen Schlag.

Magnetische Wirkungen treten bei der Entladung
in mehrfacher Weise auf.

Die elektrische Entladung ist nämlich einmal im Stande,
eine unmagnetische Stahlnadel zu magnetisiren; durch dieselbe
kann ferner der Magnetismus in einer bereits magnetischen
Stahlnadel verändert werden, und wenn man die Entladung
über eine Magnetnadel wegführt, so wird sie aus ihrer ur=
sprünglichen Richtung — dem magnetischen Meridiane —
abgelenkt.

Die chemischen Wirkungen bestehen sowohl in Zer=
setzungen als Verbindungen derjenigen Körper, durch welche
die elektrische Entladung hindurchgeht; allein es ist hiebei
vielfach fraglich, ob es die Elektricität selbst oder die der Ent=
ladung folgenden Erschütterungen und Erwärmungen sind,
welche diese Wirkungen hervorbringen.

Hieher gehört auch der eigenthümliche Geruch, den man
sogleich wahrnimmt, wenn man mit einer kräftigen Elektrisir=
maschine operirt.

Schönbein hat durch eine Reihe von höchst wichtigen
Versuchen nachgewiesen, daß dieser Geruch vom Ozon her=
rührt, das durch die Elektricität gebildet wird und weiter
nichts ist als reiner Sauerstoff in einem besonderen Zustande
der Activität.

Ganz eigenthümliche Erscheinungen — die sogenannten Lichtenberg'schen Figuren — erhält man, wenn man den Knopf einer geladenen Leydener Flasche mit einer Scheibe aus Harz berührt (man nimmt dazu gewöhnlich den Kuchen des Elektrophores) und dann Mennig oder Semen lycopodii, das sogenannte Hexenmehl, darauf streut.

War die Flasche mit positiver Elektricität geladen, so zeigt sich auf der Harzscheibe eine strahlenartig veräftelte Figur; war dagegen die Ladung der Leydener Flasche negativ, so ordnen sich die feinen Theilchen des Mennig= oder Lyco= podiumpulvers in concentrischen Ringen an. Diese Figuren entstehen durch die Einwirkung der elektrisch gewordenen Stellen des Harzkuchens auf das durch das Sieben oder Ausbeuteln aus einem leinenen Lappen gleichfalls elektrisirte Pulver.

Es sind nun noch einige Arten von Elektricitätsentwicke= lung zu erwähnen, die wir im Vorstehenden noch nicht kennen gelernt haben.

Drückt man ein isolirtes Stück Kalkspath zwischen den Fingern, so wird dasselbe positiv elektrisch und hält die Elek= tricität längere Zeit hindurch. Aehnlich verhalten sich der Flußspath, der Quarz, der Topas, der Arragonit, der Glimmer.

Auch durch Erwärmen werden mineralische Körper elektrisch.

Schon vor Jahrhunderten erkannte man in Indien diese Eigenschaft am Turmalin. Dabei zeigt aber der Turmalin gleichsam zwei elektrische Pole; das eine Ende wird nämlich positiv, das andere Ende negativ elektrisch.

Analoge Erscheinungen sind am Boracit, am Kiesel= zinkerz, Zucker und anderen Krystallen beobachtet worden, und man hat dieser Art der Elektricitätserregung einen eigenen Namen gegeben: man nennt sie Pyroëlektricität.

Will man die Kryſtallelektricität bequem ſtudiren, ſo be=
dient man ſich mit Vortheil des von Profeſſor von Kobell
angegebenen Gemsbartelektroſkopes.

Die langen Haare nämlich, welche einem vierjährigen
Gemsbocke im Späthherbſt über den Rücken hinſtehen und
Gemsbart genannt werden, haben die merkwürdige Eigen=
ſchaft, daß ſie, wenn man ſie zwiſchen den trockenen Fingern
von ihrer Wurzel nach der Spitze hinſtreicht, ſtark poſitiv
elektriſch werden, daß ſie dagegen, von der Spitze gegen die
Wurzel geſtrichen, negative Elektricität erlangen. Befeſtigt
man ein ſolches Gemshaar an einer iſolirenden Handhabe
z. B. einem Glasſtäbchen, ſo wird es ein ſehr empfindliches
Elektroſkop, das ſogleich, wenn man es zuvor durch die
Finger gezogen hat, aus der Anziehung oder Abſtoßung durch
einen elektriſirten Körper erkennen läßt, ob derſelbe mit poſi=
tiver oder negativer Elektricität geladen war.

Die bisher von uns beſprochenen elektriſchen Erſcheinungen
können wir im phyſikaliſchen Laboratorium ſtudiren; weit
größere Elektricitätsmengen, als wir ſie mit den wirkſamſten
Maſchinen zu erzeugen im Stande ſind, liefert uns jedoch
die Natur von ſelbſt, und aus ihnen folgen die gewaltigen
Entladungen, die wir als den Blitz beobachten.

---

3. Der Blitz und der Blitzableiter.

Der Engländer Wall hatte ſchon im Jahre 1708 eine
Analogie zwiſchen Donner und Blitz mit dem elektriſchen
Funken und dem ihn begleitenden Geräuſche vermuthet, Gray
und Nollet ſprachen dieſe Analogie bereits präciſer aus;
allein erſt der denkwürdige Verſuch des Amerikaners Franklin
erhob dieſe Vermuthungen zur beſtimmten Thatſache. Die

Beobachtung, daß der Blitz am häufigsten in spitzige Objecte als Kirchthürme, Schiffsmasten, hohe Bäume u. dgl. einschlägt, veranlaßte Franklin im Jahre 1752, einen großen Drachen, der mit Seidenzeug überzogen und mit einer Metallspitze versehen war, in die Höhe steigen zu lassen, während gerade Gewitterwolken darüber wegzogen.

Der Drachen stieg an einer hanfenen Leine in die Höhe, an deren Ende ein Stahlschlüssel befestigt war. Anfangs zeigte sich keine Spur von Elektricität, als aber die Hanfschnur vom Regen durchnäßt und dadurch leitend geworden war, konnte Franklin aus dem Stahlschlüssel mit dem Fingerknöchel kräftige Funken ziehen.

Dieser Versuch erregte in der gesammten gelehrten Welt das größte Aufsehen, ja die Oxforder Universität ernannte in Folge davon Franklin zu ihrem Ehrendoctor. Vielfach wurde nun das Experiment abgeändert: de Romas ersetzte die Hanfschnur durch einen Metalldraht, d'Alibard durch eine hohe, mit einer Metallspitze versehene Stange; leider sollte es auch seine Opfer kosten: der Petersburger Physiker Richmann, der durch eine ähnliche Vorrichtung den Blitz in sein Laboratorium hereinleiten wollte, wurde von demselben getödtet.

Es war aber durch den Franklin'schen Versuch nicht blos die Identität des elektrischen Funkens mit dem Blitze constatirt, es waren dadurch auch die Mittel geboten, sich vor seinen Wirkungen zu schützen. Wir wollen übrigens, bevor wir die gegenwärtige Einrichtung des Blitzableiters betrachten, an ein paar Beispielen zeigen, daß sich die Wirkungen des Blitzes von denen der elektrischen Entladung wirklich blos durch ihre Größe unterscheiden.

Auf zwei Punkte, sagt der um die Elektricitätslehre hochverdiente Rieß, ist nach einem Blitzschlage die Aufmerksamkeit der Beschauenden von jeher gerichtet gewesen: auf die Zündung brennbarer Substanzen und die Schmelzung von Metallen. Nicht als ob es Wunder genommen hätte, daß eine so glänzende Lichterscheinung wie der Blitz im Stande wäre, Heu, Stroh u. dgl. in Flammen zu setzen, sondern im Gegentheile wenn dies beim Durchgange eines Blitzstrahles — bei einem sogenannten kalten Schlage — nicht geschehen ist. Allein dies zu erklären bietet durchaus keine Schwierigkeiten, denn auch bei der künstlichen Entladung können wir Schießbaumwolle, Pulver oder Feuerschwamm blos dann entzünden, wenn die Entladung durch eingeschaltete schlechte Leiter z. B. eine Wassersäule verlangsamt worden ist.

Es muß also auch der Blitz, wenn er zünden soll, auf seinem Wege aufgehalten werden, und hiezu sind nur selten die·Bedingungen in Wirklichkeit vorhanden; wir treffen deshalb häufig Schmelzungen von gut leitenden Metallen an, ohne daß daneben befindliche leicht entzündbare Körper in Flammen gerathen sind.

So wurden im Jahre 1781 zwei Jäger in der Nähe von Castres vom Blitze getroffen und der eine von ihnen erschlagen; die Jagdmesser Beider zeigten Schmelzungen dicht unter der unversehrten Lederscheide.

Im September 1843 traf der Blitz eine Cavaleriekaserne zu Fougères in der Bretagne; die Zaumzeuge der Pferde erlitten an den Metalltheilen Schmelzungen, ohne daß das Riemenzeug irgendwie verletzt worden wäre.

Sehr merkwürdige Schmelzungsproducte zeigen sich, wenn der Blitz durch eisenhaltigen Sand hindurchgeht; es entstehen dann vielfach verästelte, röhrenartige Gebilde — die sogenannten Blitzröhren. Es sind bereits viele solche Röhren direct nach den Blitzschlägen aufgefunden worden, und Fiedler hat in Dresden eine größere Sammlung davon angelegt, worunter sich ein Exemplar befindet, das in gerader Linie gemessen über 8 Ellen lang war. Schon vor etwa sechzig

Jahren stellten Bendant, Savart und Hachette künstlich eine Blitzröhre her, indem sie die Entladung einer gewaltigen Leydener Batterie durch Glaspulver gehen ließen, das
sich in einem mit einem Loche versehenen Ziegelsteine befand.
Vor mehreren Jahren hat Rollmann einen sehr netten
Versuch angegeben, der die Bildung der Blitzröhren erläutert:
läßt man den Funken einer starken Entladung, etwa mittelst
einer kräftigen Influenzelektrisirmaschine durch Schwefelblumen
schlagen, so schmilzt der Schwefel selbst zu veräftelten, den
Blitzröhren ganz ähnlichen Gebilden von 5 bis 6 cm Länge
und 2 mm innerem Durchmesser zusammen.

In Bezug auf die mechanischen Effecte des Blitzschlages
sind uns Beispiele überliefert, die fast an das Unglaubliche
zu grenzen scheinen. So verschob im August 1809 der Blitz
in einem Hause bei Manchester eine 5 Fuß dicke, ¹/₂ Fuß
hohe Mauer, die aus etwa 7000 Steinen bestand, am einen
Ende um 4, am anderen Ende um 9 Fuß. — Im Jahre
1839 wurde ein Mensch vom Blitze erschlagen und 70 Fuß
weit fortgeschleudert. Bei Holz äußern sich diese mechanischen
Wirkungen durch Zersplittern, Zerschlitzen, Abschälen der
Rinde u. dgl.; besonders bemerkenswerth ist das Herabgehen
des Blitzes an Bäumen in einer Schraubenlinie.

Arago berichtet einen Fall, bei welchem die Stahltheile
eines Chronometers auf einem vom Blitze getroffenen Schiffe
so stark magnetisch wurden, daß dasselbe bei seiner Ankunft
in Liverpool um 34 Minuten mehr zeigte, als ohne diesen
Unfall der Fall gewesen wäre. — Scoresby fand auf
einem im Mai 1827 zweimal vom Blitze getroffenen Schiffe
die Eisentheile stark magnetisch. —

Im Mai 1845 schlug der Blitz im Golf von Guinea
in ein Schiff, wobei die Spitze des Blitzableiters schmolz,
Messer in der Cajüte so stark magnetisch wurden, daß Näh-
nadeln daran hängen blieben und sämmtliche Compasse un-

brauchbar geworden waren. — Auch bei den Telegraphen=
apparaten zeigten sich vielfach magnetische Wirkungen des
Blitzes, und Lamont erzählte mir, daß der Blitz mehrmals
durch das Galvanometer ging, das zur Beobachtung des Erd=
stromes an der Münchener Sternwarte aufgestellt ist, und
dabei die Magnetnadel ummagnetisirte; einmal wurde sogar
der Draht beim Eintritt in den Multiplicator abgeschmolzen.

Die Blitzentladung bewirkt ferner chemische Veränderungen
an den Körpern, welche sie trifft.

So wurden am 24. August 1760 im Schlosse zu Upsala
die vergoldeten Bilderrahmen geschwärzt und man nahm einen
starken Schwefel= und Knoblauchgeruch wahr. — Am 14.
Juni 1846 schlug der Blitz in die Kirche von St. Thibaud=
de=Couz und schwärzte die vergoldeten Rahmen eines Ge=
mäldes, sowie 6 vergoldete Kupferleuchter. Schönbein be=
richtet einen Fall, bei welchem der Blitz 150 Schritte von
seinem Hause entfernt einschlug: das ganze Haus war von
einem stechenden Qualm erfüllt, der mehrere Stunden lang
bemerkbar war.

Die Beispiele von physiologischen Wirkungen des Blitz=
schlages als Tödtung, Lähmungen u. dgl. sind hinreichend
bekannt, so daß es nicht nöthig sein wird, uns länger dabei
aufzuhalten.

Um jetzt den Blitzableiter zu verstehen, welcher bekannt=
lich den Zweck hat, die angeführten Wirkungen des Blitzes
zu beseitigen oder doch unschädlich zu machen, denken wir
uns vorerst eine gerade hohe Stange aus Metall, die oben
in eine Spitze endigt, vertical in den Boden gesteckt. Geht
nun eine etwa mit positiver Elektricität geladene Gewitter=
wolke über diese Stange weg, so wirkt sie influencirend auf
dieselbe: die negative Elektricität wird an die Spitze angezogen,
die positive Elektricität in die Erde abgestoßen. Die negative
Elektricität häuft sich aber an der Spitze in unendlicher Menge

an, strömt aus, vereinigt sich mit einem Theile der positiven Wolkenelektricität zum neutralen Zustande und man sieht, wie durch diese Einrichtung eine elektrisirte Wolke allmählich in den unelektrischen Zustand versetzt werden kann. Bringen wir nun eine solche Stange auf einem zu schützenden Gebäude an und verbinden wir das untere Ende derselben durch einen hinreichend guten Leiter der Elektricität, den wir am Gebäude herabführen, innig mit der Erde, so ist der Blitzableiter fertig.

Wir haben also bei der Einrichtung eines solchen auf drei Punkte unser Hauptaugenmerk zu richten:

1) auf die Auffangstange,
2) auf die Leitung und
3) auf die zweckmäßige Verbindung derselben mit der Erde.

Die Auffangstange muß verschiedenen Bedingungen Genüge leisten. Sie muß stark genug im Durchmesser sein, um durch die Wärmewirkungen des Blitzschlages nicht geschmolzen zu werden; sie muß ferner mit einer Spitze versehen werden, welche den Einflüssen der Witterung widersteht, und diese Spitze wird deshalb gut vergoldet oder auch ganz aus Platin verfertigt, da diese Metalle in Berührung mit der Luft keine Veränderung erfahren. Was endlich die Höhe der Auffangstange betrifft, so hat die zur Prüfung der zweckmäßigsten Einrichtung der Blitzableiter von der Pariser Akademie im Jahre 1825 festgesetzte Commission als Resultat ihrer Untersuchung aufgestellt, daß eine Blitzableiterstange einen kreisförmigen Raum sicher schütze, dessen Durchmesser gleich der doppelten Höhe der Stange sei.

Für die Leitung vom unteren Ende der Auffangstange weg am Gebäude herab bis zur Erde nimmt man bei uns gewöhnlich starke Drahtseile aus verzinktem Eisendrahte. Kupfer

wäre allerdings ein besserer Leiter für die Elektricität, allein
abgesehen davon, daß es viel theuerer ist als das Eisen, besitzt es auch eine weit geringere Festigkeit als dieses, und
man kann überdies den Mißstand der geringeren Leitungsfähigkeit des Eisens beseitigen, wenn man nur dem Drahtseile einen entsprechend größeren Querschnitt gibt. Von selbst
einleuchtend ist, daß die Leitung an keinem Punkte irgendwie unterbrochen sein darf; sie wird an geeigneten Trägern
an dem Gebäude herabgeleitet, und ist dabei noch die Vorsichtsmaßregel im Auge zu behalten, daß das Drahtseil nicht
an solchen Stellen des zu schützenden Objectes herabgeführt
werde, wo im Innern desselben größere Metallmassen oder
andere gute Leiter der Elektricität in beträchtlicher Menge
angehäuft sind, weil sonst leicht ein Ueberschlagen gegen dieselben bei der Entladung stattfinden könnte.

Ist die Leitung bis zum Boden gelegt, so führt man
sie, wo immer möglich, zu einer ausgedehnten Wassermasse,
zu einem Brunnen oder einem eigens bis zum Grundwasser
gegrabenen Bohrloche, senkt die Leitung hinein und bringt
an dem Ende derselben noch eine Metallplatte an. Ist keine
größere Wassermasse vorhanden — und selbst wenn dies stattfindet —, ist es immer gut, das Ende der Leitung in mehrere
Zweige auslaufen zu lassen, um eine möglichst große Oberfläche mit dem Boden in leitende Verbindung zu bringen.

Soll ein Blitzableiter seinen Zweck erfüllen, so muß er
mit größter Sorgfalt gelegt werden; allein dann ist er auch
im Stande, die Wolkenelektricität nicht blos in hohem Maße
zu neutralisiren, sondern er schützt noch, wenn eine Entladung
in seine Nähe trifft, da er der Elektricität die bestmögliche
Leitung bietet, um sich über die Erdoberfläche auszubreiten.

Ein wohlverdientes Denkmal haben deshalb seine Mit-
bürger dem großen Amerikaner Franklin für diese segens-
reiche Erfindung gesetzt mit der Inschrift:

„Eripuit coelo fulmen, sceptrumque tyrannis."

„Er entriß dem Himmel den Blitz, den Thrannen das
Scepter."

Noch ist des St. Elmsfeuers zu gedenken, einer Lichterscheinung, welche durch das Ausströmen der Electricität
aus spitzigen und kantigen irdischen Objecten entsteht, wenn
eine Gewitterwolke auf dieselben influencirend einwirkt. Bei
den Alten wurde diese Lichterscheinung, wenn sie auf den
Masten der Schiffe doppelt erschien, Castor und Pollux, erschien sie dagegen blos einfach, Helena genannt.

Der jetzt gebräuchliche Name rührt von dem Bischof
Erasmus her, welcher von den Schiffern im mittelländischen
Meere als Helfer auf der See verehrt worden ist. Sein
Name wurde im Italienischen zusammengezogen; so nennt
Ariosto die Erscheinung „la disiata luce di Santo Ermo",
woraus Santo Elmo entstanden ist. Um das Phänomen selbst
näher zu charakterisiren, wollen wir ein paar Beschreibungen
davon anführen.

Cäsar berichtet, daß in Afrika während eines heftigen
Gewitters, welches in der Nacht losbrach und die römischen
Heere in Unordnung versetzte, die Wurfspieße der fünften
Legion in einem hellen Lichte erglänzten: Quintae legionis
pilorum cacumina sua sponte arserunt.

Der Graf Forbin sah 1696 in der Nacht auf seinem
Schiffe mehr als 30 St. Elmsfeuer. Er befahl einem Matrosen,
eines davon herabzuholen, das, über 1½ Fuß lang, auf der
Windfahne des Hauptmastes saß. Der Matrose hörte, als
er oben war, ein Geräusch wie von brennendem nassen
Pulver; als er die Windfahne abgenommen hatte, sprang die
Flamme auf die Spitze des Mastes und blieb daselbst einige
Zeit lang.

Am 14. Januar 1824 bemerkte Maxadorff auf einem
Felde nahe bei Cöthen, daß auf einem mit Stroh beladenen

Wagen, welcher unter einer großen schwarzen Wolke stand, die Spitzen der Strohhalme sich aufrichteten und mit einem Lichtschimmer umgeben waren, selbst die Peitsche des Fuhrmannes strahlte in lebhaftem Lichte. Die Erscheinung verschwand, sobald der Wind die Gewitterwolke hinweggeführt hatte; sie hatte etwa 10 Minuten gedauert.

Am 8. Mai 1831 gingen auf der Terrasse des Fort Bab=Azoun in Algier Officiere während eines Gewitters spazieren. Jeder bemerkte, als er seinen Nachbar beobachtete, daß sich dessen Haare sträubten und einen hellen Lichtschimmer ausstrahlten. Als sie die Hände erhoben, bildeten sich an den Fingerspitzen Lichtbüschel.

Im Jahre 1855 ließ sich ein Reiter auf einem Kahne mit seinem Pferde bei Aschaffenburg über den Fluß setzen und beobachtete dabei ein Leuchten der Mähne und der Ohrenspitzen seines Pferdes, sowie der Spitze seiner Reitpeitsche.

Wer nie ein St. Elmsfeuer gesehen hat, kann sich eine sehr richtige Vorstellung davon machen, wenn er eine erregte Influenz=Elektrisirmaschine in einem dunklen Raume beobachtet. Es zeigen sich nämlich dann an derselben ganz interessante Lichterscheinungen; besonders schön sind die Ausströmungen, welche man an den Enden der Spitzen wahrnimmt, die von den Papierbelegungen der festen Scheibe aus in die Ausschnitte gegen die rotirende Scheibe hin gerichtet sind. Die eine dieser Spitzen läßt die positive Elektricität in Form eines leuchtenden Büschels, die andere die negative Elektricität als ein kleines, compactes Flämmchen ausströmen. Ganz die gleichen Erscheinungen zeigen sich auch an den Spitzen der beiden Saugkämme; die positive Elektricität strömt in Form von Büscheln, die negative Elektricität als eine Reihe von Flämmchen aus; diese Flämmchen gleichen nun ganz der Erscheinung des St. Elmsfeuers.

Wir haben im Vorstehenden die Elektricitätsäußerun=
gen in der Luft als Entladungen — Blitze — und Aus=
strömungen — St. Elmsfeuer — kennen gelernt; allein
auch in ruhendem Zustande können wir Elektricität in der
Atmosphäre wahrnehmen, wenn wir nur die nöthigen Vorsichts=
maßregeln treffen. Man hat zur Beobachtung dieser Luft=
elektricität eigene, sehr empfindliche Instrumente hergestellt,
welche zugleich eine Messung der Stärke der Elektricitäts=
äußerung gestatten. Würde man nun eine Beobachtung in
der Nähe eines hohen, spitzen Thurmes oder eines großen
Gebäudes versuchen, so wird man — wie dies eigentlich
vorauszusehen ist — nichts von Elektricität beobachten
können; geht man dagegen an einen Ort, der von keinem
Objecte in seiner Umgebung überragt wird, so zeigt sich am
Elektrometer sogleich das Vorhandensein von Elektricität.
Allein selbst auf einem so freien Standpunkte wird die
Elektricität um so stärker, je weiter man sich mit dem
Instrumente über den Erdboden erhebt, und zwar nimmt die
Stärke der Elektricität proportional mit der senkrechten
Erhebung zu.

Setzt man die Beobachtungen längere Zeit hindurch
fort, so findet man, daß die Luftelektricität in den meisten
Fällen von der gleichen Art, nämlich positiv ist; negative
Elektricität wird ungemein selten beobachtet.

Bei heiterem, unbewölktem Himmel erhält man immer
positive Elektricität, deren Stärke beträchtlich wächst, wenn
sich Nebel an der Erdoberfläche befindet oder wenn der
Niederschlag des Thaues eintritt. Die neueren Beobachtungen
haben ferner übereinstimmend mit den früheren ergeben, daß
die Luftelektricität im Winter weit stärker ist als im Sommer,
und daß dabei nicht blos die Größe, sondern auch der Ver=
lauf der täglichen Bewegung im Sommer und Winter ver=
schieden ist.

6*

Fragen wir nach der Quelle dieser Elektricitätsäußerungen,
so sind darüber die Ansichten der Physiker noch ungemein
verschieden.

Man hat früher geglaubt, daß die Ursache der Luft=
elektricität in der Verdampfung des an der Erdoberfläche
befindlichen Wassers und in der Vegetation der Pflanzen zu
suchen sei; allein nach den Versuchen von Reich und Rieß
kann dies keineswegs angenommen werden.

Nach einer anderen Ansicht hat man sich die unteren
Luftschichten als unelektrisch und erst in einiger Höhe über
dem Boden eine elektrische Luft= oder Dampfschicht gedacht;
diese Elektricität wirke dann durch Influenz auf das an der
Erdoberfläche befindliche Elektrometer, und man hat deshalb
gesagt, die Luftelektricität sei gewöhnlich positiv, obwohl wir
in der That negative Elektricität beobachten.

Wieder eine andere Hypothese, die von Lamont und
Peltier aufgestellt wurde, denkt sich die Elektricität ursprünglich
nicht in der Luft, sondern an der Erdoberfläche selbst befindlich.
Wir wollen diese Hypothese etwas näher besprechen, da sie
wenigstens geeignet ist, die hauptsächlichsten Beobachtungs=
resultate genetisch zu entwickeln.

Man denke sich den Erdkörper als einen ursprünglich
vollständig kugelförmigen, isolirt im Weltraume schwebenden
Conductor mit glatter Oberfläche, der mit einer gewissen
Menge negativer Elektricität — wir wollen sie die
permanente Erdelektricität nennen — geladen worden sei und
von einer ganz trockenen und deshalb vollständig isolirenden
Atmosphäre anfangs umgeben war, so würde jeder Punkt
an dieser Kugel gleich starke elektrische Spannung zeigen.
Diese gleichmäßige Vertheilung der Elektricität an der Erd=
oberfläche wird aber durch zwei Umstände modificirt: durch
die Erhöhungen und auch dadurch, daß die Atmosphäre

nicht immer und überall trocken ist, sondern eine mehr
oder weniger große Wassermasse enthält.

Was die Erhöhungen betrifft, so dürfen wir uns blos
an die Wirkung der Spitzen, die wir Seite 55 kennen ge=
lernt haben, erinnern und begreifen dann sogleich, wie es
kommt, daß an Hausdächern, Kirchthürmen, an Bergspitzen
und Bergkämmen stets die Elektricität in größerer Menge
angehäuft ist.

Diese Modificationen in der gleichmäßigen Vertheilung
der permanenten Erdelektricität werden im Großen und
Ganzen constant bleiben; sehr veränderlich dagegen wird die
elektrische Spanung an der Erdoberfläche durch die zweite
oben genannte Ursache, nämlich durch das in der Atmosphäre
befindliche Wasser.

Wir beobachten das Wasser an der Erde bekanntlich in
seinen drei Aggregatzuständen: als festes Eis, als flüssiges
Wasser und als gasförmigen Wasserdampf in der Luft, und
es wird im meteorologischen Theile der Naturkräfte näher
auseinandergesetzt werden, wie hier ein beständiger Kreislauf
vom festen Erdkörper durch die Luft zum festen Erdkörper
zurück stattfindet.

Es sei durch irgend welche Ursache, z. B. durch Ver=
dunstung und darauffolgende Abkühlung über einem Theile
der Erdoberfläche eine Nebelmasse entstanden, so wird, da
der Wasserdunst ein guter Leiter der Elektricität ist und diese
sich, wie wir früher gesehen haben, immer auf der Oberfläche
der Leiter ausbreitet, auch die negative permanente Erd=
elektricität sich vom Erdboden weg auf die Oberfläche der
Nebelmasse verbreiten. Wird nun durch eine von unten nach
oben gehende Luftbewegung diese Nebelmasse in die oberen
Luftschichten gebracht, so nimmt sie die negative Elektricität
mit fort und wir haben eine negativ elektrische Wolke.

Die negative Elektricität der Wolke wirkt aber influencirend auf die Erdoberfläche zurück, und zwar wird an dem
der Wolke zugewendeten Theile derselben positive Elektricität
durch Influenz entstehen. Je nach der Stärke dieser influencirten positiven Elektricität wird das Resultat verschieden
ausfallen. Ist sie schwach, so wird die negative permanente
Elektricität auch geschwächt; ist sie gerade so stark als letztere,
so hat eine vollständige Ausgleichung statt und wir beobachten
keine elektrische Spannung im Elektrometer. Ist aber die
influencirte positive Elektricität stärker als die permanente
negative Elektricität, so bleibt positive Elektricität im Resultate
übrig und wir haben den allerdings seltenen Fall, daß die
Angabe des Elektrometers positive Elektricität erkennen läßt.

Es bilde sich nun zufällig über einem solchen Orte der
Erdoberfläche, wo durch Influenz einer negativ elektrischen
Wolke positive Elektricität entstanden ist, wieder ein Nebel, so
geht die positive Elektricität zunächst auf die Oberfläche der
Wassermasse; wird diese durch einen aufsteigenden Luftstrom
in die Höhe gehoben, so haben wir also eine positiv elektrische
Wolke. Diese wirkt aber wieder rückwärts influencirend auf
die Erdoberfläche; auf dem zugewendeten Theile entsteht
negative Influenzelektricität, welche mit der permanenten
negativen Elektricität der Erde zusammen eine stärkere negative
Spannung am Elektrometer erkennen lassen wird, als gewöhnlich.

Wolken enthalten also in der Regel eine mäßige Menge
negativer Elektricität und vermindern die permanente Elektricität der Erdoberfläche. In Gewitterwolken ist meistens
so viel negative Elektricität enthalten, daß sie, wenn sie in
die Nähe kommen, die permanente Elektricität ganz verdrängen
und eine mehr oder minder beträchtliche positive Elektricität
hervorrufen. Wolken mit positiver Elektricität, die nach dem
Gesagten die permanente negative Elektricität durch Influenz
verstärken, sind sehr selten.

Die allgemeinen Beobachtungsresultate lassen sich demnach aus der Lamont'schen Hypothese ohne allen Zwang herleiten; weitere Forschungen müssen zeigen, ob sie im Stande ist, auch die complicirteren Erscheinungen zu erklären.

4. Der galvanische Strom.

Der galvanische Strom, der gegenwärtig das Sprechen über den Ocean vermittelt, wurde entdeckt durch einen Zufall.

Im Jahre 1789 war es nämlich, als Galvani, Professor der Anatomie an der Universität zu Bologna, frisch präparirte Froschschenkel mittelst metallener Haken an einem eisernen Balcongeländer aufhängte und dabei die merkwürdige Erscheinung wahrnahm, daß dieselben in heftige Zuckungen geriethen.

Diese Zuckungen beobachtete Galvani auch, wenn er die Muskeln (Fig. 22) der Froschschenkel mit einem Kupfer= drahte, ihre Nerven mit einem Eisendrahte verband und beide Drähte in Berührung brachte. Als Galvani seine Beob= achtung veröffentlicht hatte, machten sich die Physiker und die Physiologen daran, die Bedingungen dieser merkwürdigen Thatsache näher zu studiren; allein sowohl Galvani selbst als die meisten seiner Zeitgenossen kamen dabei auf eine ganz falsche Fährte. Erst Alexander Volta, Professor zu Pavia, stellte eine Reihe von Experimenten an, aus welchen er die directe Folgerung zog, daß zwei verschiedenartige Körper, namentlich Metalle, wenn sie in Berührung kommen, elektrisch werden; die an der Berührungsstelle auftretende Kraft nannte er die elektromotorische Kraft; ihre Stärke hängt von der Natur der zur Berührung gebrachten Körper ab. So wird z. B. diese Kraft stärker, wenn man Zink mit Platin

oder Kohle verbindet, als wenn man Zink mit Kupfer oder
gar mit Eisen in Berührung bringt.

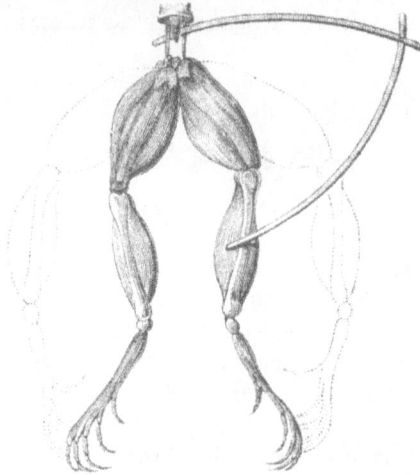

Fig. 22.

Schon Volta hatte eine größere elektromotorische Kraft
erhalten, wenn er die beiden Metalle sich nicht direct berühren
ließ, sondern dieselben durch einen feuchten Leiter — mit
angesäuertem Wasser befeuchtetes Papier, Tuch oder Filz —
getrennt hielt. Die nach ihm benannte Volta'sche Säule
besteht aus runden Zink= und Kupferplatten, die durch (Fig. 23)
angefeuchtete Filzscheiben getrennt gehalten und in großer
Anzahl auf einander geschichtet werden. Wenn auch die
elektromotorische Kraft bei dieser Einrichtung sehr groß war,
so hatte sie doch den Uebelstand, daß durch das Gewicht der
Säule selbst die Flüssigkeit aus den Filzscheiben wieder heraus=
gepreßt wurde. Es wurden deshalb bald darauf die Trog=
und die Becherapparate eingeführt, bei welchen die einzelnen

Plattenpaare in geeignete Tröge oder Becher, welche mit
angesäuertem Wasser gefüllt waren, vertical hineingestellt
wurden.

Nehmen wir ein einzelnes
solches Plattenpaar, stellen wir
dasselbe in ein Glas voll ange=
säuerten Wassers und untersuchen
wir die hervorragenden Enden
der beiden Metallplatten — die
beiden Pole — mittelst eines
sehr empfindlichen Elektroskopes,
so zeigt sich an ihnen freie
Elektricität, und zwar besitzt der
eine Pol positive, der andere
negative Elektricität. Verbinden
wir jedoch die beiden Pole durch
einen Metalldraht, so circulirt
in dem Ganzen das geheimniß=
volle Agens, das wir als den
g a l v a n i s c h e n   S t r o m   be=
zeichnen.

Woran erkennen wir aber
die Existenz des galvanischen

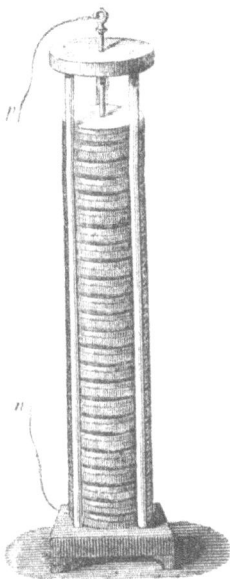

Fig. 23.

Stromes, den wir äußerlich durch Nichts wahrzunehmen im
Stande sind? Wie wir auf die Naturkräfte überhaupt bloß
aus ihren Wirkungen zu schließen im Stande sind, so gilt
dies insbesondere im vorliegenden Falle, und wir müssen uns
deshalb vor Allem nach solchen Wirkungen näher umsehen.

Von großer Bedeutung für die gesammte Lehre vom
Galvanismus sind die magnetischen Wirkungen des Stromes.
Leitet man, wie dies zuerst D e r s t e d (1819) gethan hat
(Fig. 24), den Schließungsdraht eines galvanischen Elementes
über eine Magnetnadel weg, so wird diese aus der Richtung

des magnetischen Meridians abgelenkt und sucht sich senkrecht gegen dieselbe zu stellen. Sie würde diese senkrechte Lage gegen den magnetischen Meridian in allen Fällen einnehmen, wenn es nicht gerade die magnetische Erdkraft wäre, welche das Bestreben hat, die Nadel wieder in den Meridian zurückzuführen. Dies ist denn auch der Grund, warum wir durch den galvanischen Strom in den meisten Fällen blos eine Ablenkung erhalten, welche kleiner als ein rechter Winkel ist.

Fig. 24.

Denken wir uns nun den Fall, wir hätten durch den galvanischen Strom eine Ablenkung unserer Magnetnadel in dem Sinne erhalten, daß der Nordpol derselben sich links vom Meridiane einstellt, so wird gerade das Gegentheil d. h. eine Ablenkung nach rechts eintreten, wenn wir den Strom in entgegengesetzter Richtung über die Magnetnadel wegführen.

Wir erhalten aber auch eine verschiedene Ablenkung, je nachdem wir den Schließungsdraht oberhalb oder unterhalb des Magneten vorbeileiten. Um sich für jeden speciellen Fall über den Sinn der Ablenkung der Magnetnadel oder umgekehrt Rechenschaft geben zu können, hat man blos nöthig, die folgende von dem französischen Physiker Ampère angegebene und nach ihm benannte Regel im Auge zu behalten.

„Denkt man sich eine menschliche Figur in dem Stromkreise und zwar mit dem Strome schwimmend und hat diese Figur dabei ihr Gesicht beständig der Magnetnadel zugewendet, so findet die Ablenkung überall in dem Sinne statt, daß der Nordpol zur Linken der schwimmenden Person sich befindet.

Beobachten wir nach dieser Regel verschiedene Ablenkungen, so ergibt sich auch daraus die Richtung des Stromes und wir finden, daß derselbe immer im Elemente vom Zink durch die Flüssigkeit zum anderen Elektromotor — dem Kupfer, Platin, der Kohle — dagegen außerhalb des Elementes vom Kupfer ꝛc. durch den Schließungskreis zum Zink zurückgeht. Das Zink ist also zwar das positive Metall, sein Ende außerhalb des Elementes bildet aber den negativen Pol; ebenso heißt das Kupferende, das aus der Flüssigkeit herausragt, der positive Pol, während die Kupferplatte selbst das negative Metall ist.

Biegt man nun den Schließungskreis des Stromes der Art um, daß er zugleich oberhalb und unterhalb der Nadel vorbeigeht, so wird sowohl von der oberen als von der unteren Hälfte des Drahtes der Magnet im gleichen Sinne und mit gleicher Stärke abgelenkt und wir erhalten schließlich eine größere Ablenkung. Die Größe derselben wird aber noch weiter erhöht, wenn wir den Schließungskreis (Fig. 25) nicht blos in einer einzigen Windung, sondern wie dies zuerst Schweiger bei dem von ihm erfundenen Multiplicator gethan hat, in einer größeren Anzahl von Windungen um die Magnetnadel herumführen.

Man hatte so schon ein sehr empfindliches Galvanoskop, allein es ist dabei noch immer die richtende Kraft des Erdmagnetismus, welche die Nadel stets in den Meridian zurückzuführen strebt, nicht beseitigt.

Nobili hat diesem Mißstande abgeholfen, indem er zwei Magnetnadeln über einander in der Art (Fig. 26) befestigte, daß der Nordpol der einen über den Südpol der anderen zu stehen kommt. Sind die beiden Magneten genau gleich stark, so kann der Erdmagnetismus seine richtende Kraft nicht mehr ausüben, weil die Pole der einen Nadel angezogen werden, während in dem gleichen Maße die Pole der anderen Nadel eine Abstoßung erfahren. Verbinden wir nun ein solches astatisches Nadelpaar so mit einem Multiplicator, daß die eine Nadel innerhalb der Windungen, die andere über denselben sich befindet, so wirkt der Multiplicator auf beide Nadeln in dem gleichen Sinne ablenkend ein, während die richtende Kraft des Erdmagnetismus beseitigt ist.

Wenn es nun freilich in der Praxis nicht möglich ist, wenigstens für längere Zeit zwei genau gleich starke Magnetnadeln herzustellen, so sind wir durch die Nobili'sche Doppelnadel doch wenigstens in den Stand gesetzt, die Einwirkung des Erdmagnetismus ungemein zu vermindern und damit die Empfindlichkeit unseres Galvanoskopes beträchtlich zu erhöhen.

Nachdem wir jetzt ein brauchbares Erkennungsmittel für die Existenz des galvanischen Stromes besitzen, wollen wir eine andere Wirkung desselben betrachten, welche bei den stromerzeugenden Apparaten — den sogenannten galvanischen Elementen — selbst eine wichtige Rolle spielt. Schalten wir in den Schließungskreis des galvanischen Stromes eine mit Wasser gefüllte Glasröhre ein, deren Enden durch Metallplatten geschlossen sind, so wird der Strom dadurch zwar beträchtlich geschwächt, allein er hört damit noch nicht auf zu circuliren. Wir bemerken aber bei aufmerksamer Beobachtung dabei etwas Anderes — eine heftige Gasentwickelung an den beiden Endplatten der Wassersäule. Fangen wir die so entwickelten Gase durch geeignete Vorrichtungen in einem

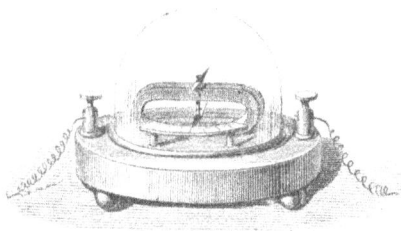

Fig. 25.

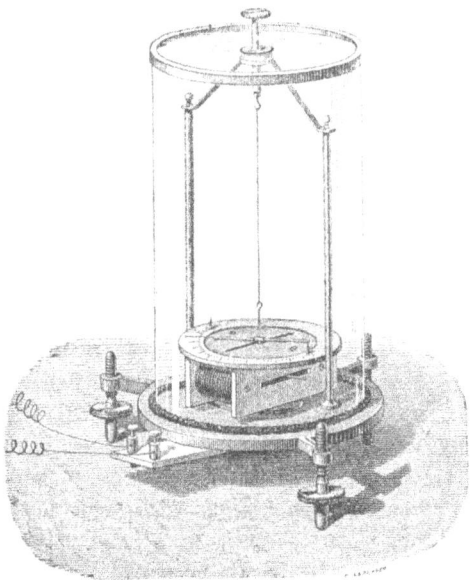

Fig. 26.

Gefäße auf und untersuchen wir dieselben auf chemischem Wege, so ergibt sich, daß dasjenige Gas, welches sich an dem vom Zinkpole ausgehenden Drahtende ansammelt, Sauerstoffgas, das am anderen Pole entwickelte Gas Wasserstoffgas ist.

Nun ist aber das Wasser bekanntlich aus diesen beiden Gasen zusammengesetzt, und wir haben so eine neue Eigenschaft des galvanischen Stromes entdeckt, welche darin besteht, daß er das Wasser in seine Bestandtheile zu zerlegen im Stande ist.

Diese Wirkung des Stromes hat sich, so lange man die galvanischen Elemente in der oben angegebenen einfachen Form angewendet hat, als sehr nachtheilig erwiesen; denn die Stärke des Stromes nahm schon nach ganz kurzer Zeit bis zum völligen Verschwinden ab. Wie nämlich das Wasser bei unserem letzten Experimente im Glasrohre in seine Bestandtheile zerlegt wurde, so geschah dies bei den einfachen Elementen auch mit dem angesäuertem Wasser, in welchem sich die beiden stromerregenden Metallplatten befanden. Der Sauerstoff lagert sich auf der Zinkplatte ab und verbindet sich chemisch mit dem Zink zu Zinkoxyd, oder wenn die Flüssigkeit verdünnte Schwefelsäure, angesäuertes Wasser, war, zu Zinkvitriol, welches von der übrigen Flüssigkeit aufgelöst wird, so daß eine freie Zinkoberfläche so lange vorhanden bleibt, als Wasser vorhanden ist, um den entstandenen Zinkvitriol aufzulösen. Anders dagegen verhält es sich mit dem auf der Kupferplatte abgesetzten Wasserstoff, denn dieser geht mit dem Kupfer keine chemische Verbindung ein, sondern bleibt auf der Oberfläche desselben als Gasschicht liegen, so daß wir jetzt nicht mehr eine Zink- und Kupferoberfläche, sondern vielmehr eine Zink- und Wasserstoffoberfläche im angesäuerten Wasser haben. Bei einer solchen Zusammenstellung kommt aber kein galvanischer Strom mehr zu Stande und die Folge davon ist, daß der Strom, wenn die auf dem Kupfer abgelagerte Wasserstoffschicht hinreichend dicht geworden ist, vollständig verschwinden muß.

Nachdem ſchon Becquerel im Jahre 1829 einen glück=
lichen Verſuch gemacht hatte, wodurch die chemiſche Wirkung
in der Stromquelle vermindert wurde, war es der Engländer
Daniell, der zuerſt bei genauer Erkenntniß der thatſäch=
lichen Verhältniſſe einen erfolgreichen Schritt weiter that.
Daniell ſchloß, daß, wenn man die Kupferplatte in eine
ſehr ſauerſtoffreiche Flüſſigkeit bringen würde, der an der
Kupferplatte angeſammelte Waſſerſtoff ſich mit dem Sauerſtoff
dieſer Flüſſigkeit zu Waſſer verbinden und ſo die Kupferplatte
metalliſch frei bleiben würde.   Als ſolche Flüſſigkeit zeigte
ſich eine geſättigte Löſung der blauen Kryſtalle von Kupfervitriol geeignet.

Damit war jedoch das Problem noch nicht gelöſt; es
mußten nämlich die beiden Flüſſigkeiten im Elemente — das
angeſäuerte Waſſer am Zink und die Kupfervitriollöſung an
der Kupferplatte — von einander getrennt gehalten werden,
ohne daß dem Durchgange des Stromes ein weſentliches
Hinderniß geboten würde.

Als ein ſolches trennendes Medium, das die Berührung
der beiden Flüſſigkeiten geſtattet, ohne daß ein zu raſcher
Uebergang derſelben in einander ſtatthatte, wandte der ge=
nannte Forſcher vorerſt eine Ochſengurgel an, welche ſpäter
durch ein Gefäß aus poröſem Porcellanthone erſetzt wurde.
Die folgende Figur 27 zeigt ein Daniell'ſches Element
zuſammengeſetzt und daneben ſeine einzelnen Beſtandtheile
auseinandergenommen.

Der Erfolg der Daniell'ſchen Batterie war ein ſehr
befriedigender, und dieſelbe wird auch jetzt noch mit Vortheil
angewendet; allein der durch ſie erzeugte Strom iſt nicht ſtark
genug, um für alle Zwecke verwendet werden zu können.

Aus dieſem Grunde hat Grove anſtatt des Kupfers
Platin genommen und daſſelbe in die ſehr ſauerſtoffreiche
Salpeterſäure geſtellt.   Profeſſor Bunſen in Heidelberg hat

anstatt des kostspieligen Platins die Gaskohle in Salpeter=
säure zur Anwendung gebracht. Ein solches Bunsen'sches

Fig. 27.

Element ist in nachstehender Figur 28 dargestellt: in dem
Gefäße V befindet sich verdünnte Schwefelsäure (angesäuertes

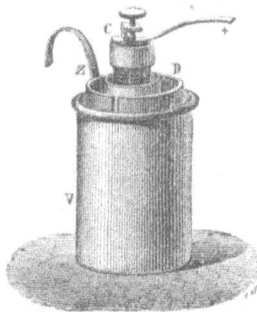

Fig. 28.

Wasser), in das die ringförmig abgebogene Zinkplatte Z gestellt
wird; innerhalb des Zinkringes steht die poröse Thonzelle
und in dieser die Kohle C mit der Salpetersäure.

Das Grove'sche sowohl als das Bunsen'sche Element zeichnen sich dadurch aus, daß durch sie eine große Stromstärke erzielt werden kann; allein einen längere Zeit mit gleicher Stärke andauernden, einen eigentlich constanten Strom liefern sie nicht.

Welchen Mißständen wäre man aber z. B. bei unseren großen Telegraphennetzen ausgesetzt, wenn man selbst des Tages nur einmal die Batterie durch eine frisch gefüllte ersetzen müßte.

Es läßt sich leicht denken, daß auf diesen Punkt das Augenmerk der Physiker ganz besonders gerichtet sein mußte, und in der That ist es der beharrlichen Forschung gelungen, Elemente herzustellen, welche, wenn sie auch etwas geringere Stromstärken an sich liefern, doch Monate lang stehen bleiben können, ohne daß es nöthig wäre, ihre Flüssigkeiten zu erneuern. Als hieher gehörig wollen wir besonders die folgenden Einrichtungen als durch die Erfahrung bewährt in Kürze erwähnen.

Meidinger hat den originellen Gedanken gehabt, die Thonzelle ganz zu beseitigen, indem er zwei Flüssigkeiten verwendete, welche vermöge ihrer ungleichen specifischen Schwere sich lange Zeit über einander getrennt erhalten.

Zum Kupfer brachte er nämlich die bereits von Daniell angewandte gesättigte Kupfervitriollösung; darüber befindet sich das Zink in der viel leichteren Lösung von schwefelsaurer Magnesia (Bittersalz). Ein solches Element kann 10 bis 12 Monate lang seine Schuldigkeit thun; allein man darf den Ort desselben nicht verändern, ohne daß man Gefahr läuft, die Flüssigkeiten zu vermischen.

Dieser Umstand ist beseitigt bei dem von Léclanché angegebenen Zink-Kohlen-Elemente, bei welchem das Zink in einer Lösung von Salmiak in Wasser steht, während die Kohle sich in einem angefeuchteten Brei von Braunstein (Manganhyperoxyd), mit etwas Kohle vermischt, befindet. Ein solches

Element kann gleichfalls 12 Monate in Thätigkeit sein, ohne
daß man nöthig hätte, etwas Anderes zu thun, als das ver-
dunstete Wasser zu erneuern.

Auf den französischen Telegraphenlinien wurde vielfach
das Element von Marié Davy verwendet, welcher als

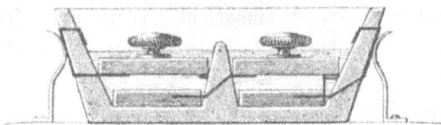

Fig. 29.

Elektromotoren Zink und Kohle beibehalten, allein zur Kohle
schwefelsaures Quecksilberoxyd gebracht hat. Man hat dieses
Element bei kleinen Inductionsapparaten auch ohne Thonzelle
verwendet und ihm dann die in vorstehender Figur 29 ange=

Fig. 30.

deutete Form gegeben. Am Boden eines Troges aus Hart=
gummi liegen Zinkplatten, darüber das schwefelsaure Queck=
silberoxyd, und auf dieses sind die Kohlenplatten aufgelegt.

Wenn es sich um die Herstellug starker Ströme handelt, reicht man mit einem einzigen galvanischen Elemente nicht aus, und man verbindet dann eine größere Anzahl derselben (Fig. 30) meistens zu einer Säule in der Art, daß man den negativen Pol des ersten Elementes mit dem positiven Pol des zweiten, den negativen Pol dieses mit dem positiven Pol des dritten Elementes und so fort verbindet, so daß der positive Pol des ersten und der negative Pol des letzten Elementes die beiden Pole des Ganzen bilden.

Eine solche Verbindung von mehreren Elementen nennt man eine gal= vanische Batterie.

Die nebenstehende Fig. 31 zeigt noch, wie man bei einer größeren Bat= terie je nach Bedürfniß eine mehr oder weniger große Anzahl von Elementen gesondert benützen kann.

Wir haben im Vorstehenden zweier= lei Wirkungen des galvanischen Stromes kennen gelerut: einmal ist derselbe im Stande, Wasser in seine beiden Bestand= theile, in Wasserstoff und Sauerstoff, zu zerlegen, und dann sucht er eine in einer Nähe befindliche Magnetnadel senkrecht gegen seine Richtung zu stellen.

Sowohl diese magnetischen als die chemischen Wirkungen hat man benützt, um die Stärke eines galvanischen Stromes zu messen.

Schaltet man in den Schließungskreis einer galvanischen Batterie ein Gefäß mit Wasser ein, so wird der Strom um

Fig. 31.

7*

so stärker sein, je mehr Wasser er in einer bestimmten Zeit in seine Bestandtheile zu zerlegen im Stande ist. Fängt man dabei die beiden Gase in einem gemeinsamen Gefäße auf, so erhält man eine Gasmenge, welches man Knallgas nennt, und man ist nun übereingekommen, diejenige Stromstärke als Einheit für die Stromvergleichung zu Grunde zu legen, bei welcher von dem Strome in einer Minute ein Cubikcentimeter dieses Knallgases unter normalen Temperatur- (0°) und Druck- (760 mm) Verhältnissen gebildet wird. So bequem diese Methode zu sein scheint, so ist sie doch nicht allgemein mit Vortheil anzuwenden. Hat man nämlich z. B. einen schwachen galvanischen Strom, dessen Stärke gemessen werden soll, so dauert es, bis sich ein merkliches Gasvolumen gebildet hat, so lange Zeit, daß der Strom während derselben seine Stärke bereits wesentlich geändert hat.

Schon aus diesem Grunde bedient man sich in den allermeisten Fällen der magnetischen Wirkungen des Stromes für die Messung seiner Stärke.

Führen wir wieder den Schließungsdraht einer galvanischen Batterie über einer Magnetnadel weg, so wissen wir, daß der Strom dieselbe senkrecht gegen seine Richtung zu stellen strebt; allein andererseits wird die Nadel durch den Erdmagnetismus (oder strenger gesprochen durch die Wechselwirkung zwischen dem Magnetismus der Nadel und dem Magnetismus der Erde) in den magnetischen Meridian zurückgezogen. Die Folge davon ist, daß sich die Nadel nicht senkrecht gegen den magnetischen Meridian stellen kann, sondern schließlich mit diesem einen Winkel bilden wird, welcher, so lange wenigstens die Kraft des Erdmagnetismus die gleiche bleibt, nm so größer ausfällt, je stärker der Strom ist. Man kann deshalb aus der Größe des Ablenkungswinkels auf die Stärke des Stromes rückwärts schließen; darauf beruht denn auch eines der wich-

tigſten galvaniſchen Meßinſtrumente — die ſogenannte Tan=
gentenbuſſole.

Eine Tangentenbuſſole beſteht in ihrer einfachſten Form
(Fig. 32) aus einem kreisförmigen Kupferreife, in deſſen Mitte

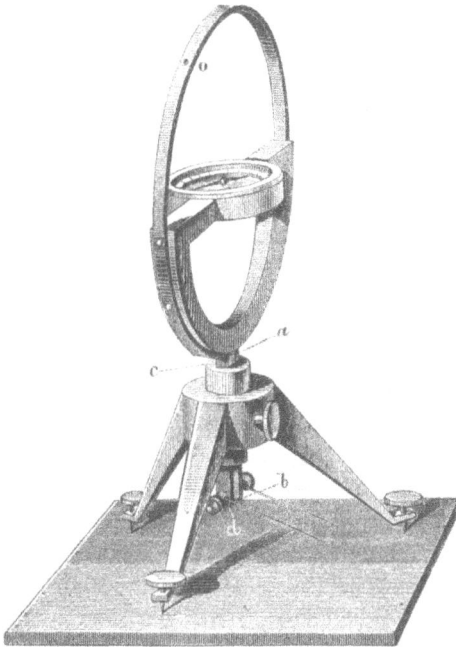

Fig. 32.

ſich eine kleine Magnetnadel nebſt einer Kreistheilung — eine
Buſſole — befindet, an der man den Ablenkungswinkel ableſen
kann. Der Kupferring iſt jedoch nicht ganz geſchloſſen, und
ſeine beiden Enden tragen Verlängerungen a und c mit
Klemmſchrauben b und d, in welche die Poldrähte der gal=
vaniſchen Elemente eingeſchaltet werden können.

Die Ebene des Kupferringes soll in den magnetischen Meridian zu stehen kommen; um dies bequem ausführen zu können, ist der ganze Kupferring um eine verticale Achse drehbar eingerichtet.

Eine solche Tangentenbussole ist aber nur für starke Ströme brauchbar, da eine Multiplication der Stromeswirkung nicht stattfindet, und man hat deshalb auch Tangentenbussolen hergestellt, bei welchen anstatt des einfachen Kupferreifes eine größere Anzahl von kreisförmigen Drahtwindungen angebracht sind.

Eine genauere Untersuchung der näheren Umstände, die uns hier übrigens zu weit führen würde, zeigt nun, daß die Stromstärke nicht einfach wie der Ablenkungswinkel sich ändert, sondern daß sie der trigonometrischen Tangente desselben proportional ist, woher denn auch das Instrument seinen Namen trägt.

Was man sich unter der Tangente eines Winkels vorzustellen hat, läßt sich leicht deutlich machen.

Denkt man sich ein rechtwinkeliges Dreieck, so besitzt dasselbe bekanntlich außer dem rechten Winkel noch zwei Winkel, die kleiner sind als der rechte und spitze Winkel genannt werden.

Betrachten wir nun einen dieser spitzen Winkel, so ist die Tangente desselben das Verhältniß zwischen der Länge der dem Winkel gegenüberliegenden Dreiecksseite zur Länge derjenigen anliegenden Seite, welche den zweiten Schenkel des rechten Winkels bildet.

Damit aber das angeführte Tangentengesetz seine Gültigkeit habe, muß die Länge der Nadel klein sein gegen den Durchmesser des Kupferringes, sie darf in keinem Falle größer als der fünfte Theil dieses Durchmessers sein; in der Regel macht man sie sogar viel kleiner.

Blos bei ganz kleinen Ablenkungswinkeln darf der Durchmesser der Drahtwindungen kleiner genommen werden. Man hat deshalb Instrumente hergestellt, mit welchen blos kleine Ablenkungswinkel beobachtet werden; um dabei hinreichende Genauigkeit zu erhalten, wendet man die von Poggendorff eingeführte Spiegelablesung an.

Es stelle a b (Fig. 33) einen ebenen Spiegel vor, an dem sich in einiger Entfernung eine kreisförmige Scala M M befindet, die in der Mitte eine feine Oeffnung D trägt. Eine

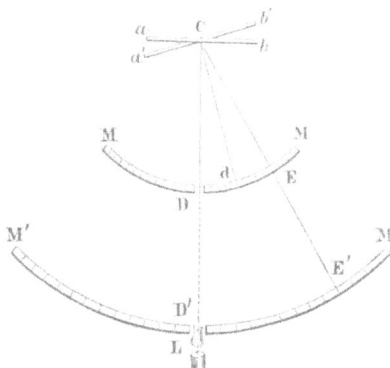

Fig. 33.

Lampe L sende durch diese Oeffnung einen Lichtstrahl, so wird dieser nach dem Reflexionsgesetze des Lichtes*), da er senkrecht auf a b auffällt, in sich selbst reflectirt.

Drehen wir nun aber den Spiegel a b um C in die neue Lage a' b', so wird der Lichtstrahl D C jetzt nach E zurückgeworfen werden, und zwar ist dabei der Winkel, den C D mit C E einschließt, doppelt so groß als der Winkel, um welchen sich der Spiegel a b gedreht hatte. Wäre umgekehrt die dem Spiegel zugewandte Seite der Scala M M beleuchtet,

---

*) Siehe Pisko, Licht und Farbe. S. 29.

so würde bei der Lage a'b' des Spiegels ein durch D hin-
durchsehendes Auge den Punkt E erblicken.

Man kann hiebei, wie dies sogleich aus der Figur erhellt,
den Weg, welchen der Lichtstrahl bei der Drehung des Spiegels
an der Scala MM beschreibt, noch vergrößern, wenn man
dieselbe weiter vom Spiegel entfernt, sie etwa in die Lage M'M'
bringt; der Lichtstrahl beschreibt dann bei der Drehnng des
Spiegels a b in die Lage a'b' den Weg D'E'.

Befestigt man nun den Spiegel an einem Magnet, so
wird dieser, wenn er z. B. durch einen galvanischen Strom
eine Ablenkung erfährt, den Spiegel mitdrehen und wir sind im
Stande, aus dem Wege, den der reflectirte Strahl hiebei zurück-
legt, auf die Größe des Ablenkungswinkels zurückzuschließen.

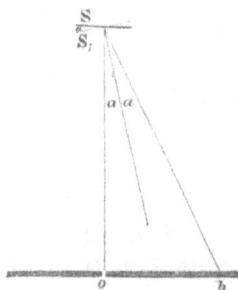

Fig. 34.

Diese Art der Ablesung
des Ablenkungswinkels wird bei
den sogenannten Spiegelgalvano-
metern angewendet. Bei denselben trägt nämlich die von kreisförmigen Multiplicatorwindungen
umgebene Magnetnadel einen
kleinen ebenen Spiegel S (Fig. 34).

Vor diesem steht parallel
zur Spiegelebene eine gerad-
linige Scala; bei o befindet sich
das Auge des Beobachters, das
in der Regel noch mit einem kleinen Fernrohre bewaffnet
wird. Erfährt der Magnet durch einen galvanischen Strom
eine Ablenkung, wodurch der Spiegel in die Lage S₁ gedreht
wird, so erhält der bei o befindliche Beobachter den Punkt b
der Scala in der Mitte des Fernrohres und ist damit in den
Stand gesetzt, die Größe des Drehungswinkels des Spiegels
und ebenso des Ablenkungswinkels des Magneten zu finden.

Wie das Spiegelgalvanometer als Signalgeber beim transatlantischen Telegraphen angewendet wird, werden wir später besprechen; zunächst wollen wir einige wichtige Resultate behandeln, zu welchen genauere Messungen der Stärke galvanischer Ströme überhaupt geführt haben.

Vor Allem ist hier zu bemerken, daß die Intensität des galvanischen Stromes in verschiedenen Theilen seiner Leitung überall die gleiche ist.

Versetzen wir nämlich eine Magnetnadel über irgend einem Theile der Stromleitung in Schwingungen und beobachten wir die Dauer einer einzigen solchen Schwingung, so finden wir dafür immer dasselbe Zeitintervall, was beweist, daß die Kraft, welche außer dem Erdmagnetismus auf die Magnetnadel eingewirkt hat, nämlich die Stromstärke, in allen Theilen des Schließungskreises die gleiche sein muß; denn außerdem hätte die Magnetnadel ihre Schwingungen über dem einen Theile in längerer oder kürzerer Zeit vollenden müssen als an einem anderen Theile.

Schaltet man in den Schließungskreis eines galvanischen Elementes eine Tangentenbussole ein, so können wir aus dem Ablenkungswinkel auf die Stromintensität schließen. Fügen wir nun außer der Tangentenbussole noch einen anderen Leiter in den Schließungskreis ein, so wird dadurch auch die Stromstärke geändert, und wir finden bei weiter fortgesetzter Untersuchung, daß dem Strome durch seine eigene Leitung ein Widerstand geboten wird, welcher von der Länge, dem Querschnitte und dem Materiale der Leitung abhängig ist. Dabei wird nämlich der Widerstand eines Leiters um so größer, je länger und je dünner derselbe genommen wurde; was die Abhängigkeit vom Materiale betrifft, so mußten durch Versuche die Zahlen ermittelt werden, welche eine gegenseitige Vergleichung der einzelnen Materialien unter einander gestatten und die man die specifischen Leitungswiderstände derselben nennt.

Setzen wir z. B. den Widerstand, welchen ein Kupferdraht von einem Meter Länge und einem Quadratmillimeter Querschnitt dem galvanischen Strome bietet, gleich Eins, so besagt der Ausdruck, daß der specifische Leitungswiderstand des Neusilbers 15 sei: ein Neusilberdraht von einem Meter Länge und einem Quadratmillimeter Querschnitt bietet dem Strome einen fünfzehnmal größeren Widerstand dar als ein gleich langer und gleich dicker Kupferdraht.

Nehmen wir wieder eine Tangentenbussole und lassen wir der Reihe nach unter sonst gleichen Umständen den Strom eines Daniell'schen Elementes, dann eines Bunsen'schen, Grove'schen ꝛc. Elementes durch dieselbe hindurchgehen, so erhalten wir sehr verschiedene Angaben der Magnetnadel; die elektromotorischen Kräfte, welche in den einzelnen Elementen die Veranlassung zum galvanischen Strome geben, sind also gleichfalls verschieden.

G. S. Ohm war es, der in seiner im Jahre 1827 erschienenen Schrift: „Die galvanische Kette" zuerst das ungemein wichtige und nach ihm benannte Gesetz gefunden hat, daß man immer die Stromstärke erhält, wenn man die elektromotorische Kraft der Stromquelle dividirt durch den Widerstand, welcher dem Strome in seinem ganzen Kreislaufe geboten wird.

Ohm selbst hat sein Gesetz zuerst nicht mittelst hydrogalvanischer d. h. solcher Elemente bewiesen, bei welchen wie bei den von uns bisher betrachteten Arten Flüssigkeiten und zwar vorzüglich angesäuertes Wasser zur Anwendung kommen; er wandte dazu sogenannte thermogalvanische Elemente an.

Verbindet man zwei verschieden harte Stäbe eines Metalles oder zwei verschiedene Metalle mit einander und führt man die Enden derselben in den Drahtkreis eines empfindlichen

Galvanometers ein, ſo entſteht in dem Moment ein galvaniſcher
Strom, in welchem wir eine Temperaturdifferenz zwiſchen der
Verbindungsſtelle der beiden Metalle und dem Schließungs=
kreiſe erzeugen, und zwar wird der Strom um ſo ſtärker, je
größer dieſe Temperaturdifferenz iſt.

Die Stromſtärke hängt aber auch hier von der Natur
der verwendeten Metalle ab. So gibt z. B. Wismuth und
Antimon, zu einem thermogalvaniſchen Elemente verbunden,
einen ſtärkeren Strom als Wismuth — Zinn oder Wismuth
— Kupfer.

Iſt bei den thermogalvaniſchen Strömen das Galvano=
meter hinreichend empfindlich, ſo wird der Strom ſchon wahr=
genommen, während die Temperaturdifferenz an der Ver=
bindungsſtelle der beiden Metalle im Elemente ſo gering iſt,
daß ſie mit keinem gewöhnlichen Thermometer mehr conſtatirt
werden kann. Dieſer Umſtand gab Melloni Veranlaſſung,
Thermo=Elemente umgekehrt als die empfindlichſten Thermo=
ſkope zu verwenden, und hat zu den intereſſanteſten Entdeckungen
in der Lehre von der Wärmeſtrahlung geführt.

Man verwendet bei ſolchen Unterſuchungen, um die
Empfindlichkeit zu erhöhen, immer eine größere Anzahl zu
einer Thermoſäule verbundener Elemente (Fig. 35), welche
man in eine geeignete Faſſung einläßt.

Wird dann die Verbindung mit einem Multiplicator her=
geſtellt (Fig. 36) und die eine Reihe von Verbindungsſtellen
der beiden Metalle der einzelnen Elemente erwärmt, während
die andere Reihe und der Schließungskreis kalt bleibt, ſo zeigt
die Multiplicatornadel ſogleich die Exiſtenz des Stromes an.

Man hat auch verſucht, ſtärkere Ströme durch Thermo=
ſäulen zu erzeugen. Marcus in Wien hat es durch An=
wendung von geeigneten Legierungen dahin gebracht, daß er
mit einer Verbindung von 10 Elementen die gleichen Wirkungen
wie mit einem mittelgroßen Daniell'ſchen Elemente hervor=

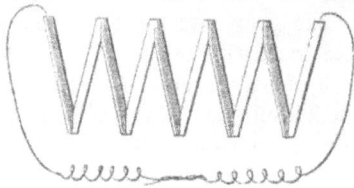

Fig. 35.

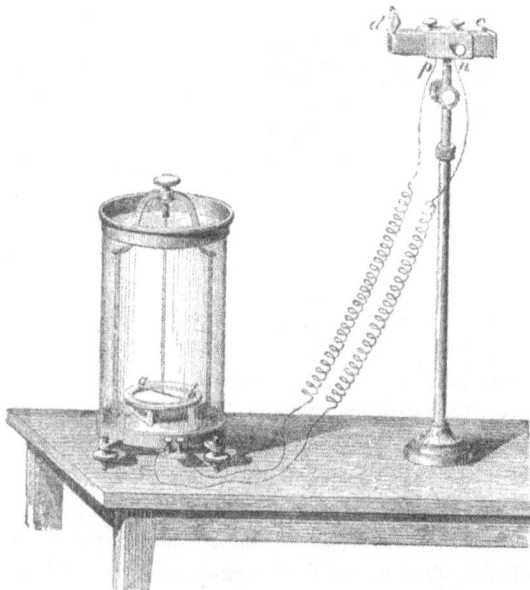

Fig. 36.

bringen konnte. Noch kräftigere Wirkungen erzielten Clamond und Noë mit ihnen Thermosäulen, bei welchen die einzelnen Elemente gleichfalls aus Legierungen bestehen.

Stellt man in ein Gefäß mit angesäuertem Wasser parallel neben einander zwei Platinplatten und verbindet man dieselben mit den Polen eines Bunsen'schen Elementes, so lagert sich auf der einen Platinplatte der Sauerstoff, auf der anderen Platte der Wasserstoff des zersetzten Wassers ab — die Platten werden polarisirt. Unterbricht man jetzt die Verbindung mit dem galvanischen Elemente und schaltet die Platinplatten in die Drahtenden eines Multiplicators ein, so zeigt die Ablenkung der Magnetnadel die Existenz eines kräftigen, wenn auch nur kurze Zeit andauernden Stromes an.

Schon Ritter hat auf solche Weise bei seiner Ladungs= säule eine Reihe von Platinplatten polarisirt, indem er den Strom einer kräftigen Volta'schen Säule benützte; Poggen= dorff hat gezeigt, daß ein einziges Bunsen'sches Element zur galvanischen Polarisation einer größeren Anzahl von Platinplatten vollständig hinreicht. In der neuesten Zeit hat Planté sehr kräftige Ströme durch die Polarisation von Blei= platten zu Stande gebracht. Die Figur 37 zeigt eine aus 20 Bleiplattenpaaren bestehende Polarisationsbatterie von Planté; ihre Wirkung ist 30 großen Bunsen'schen Elemen= ten äquivalent.

Nachdem wir so die Existenz des galvanischen Stromes in seiner Entstehungsweise im Allgemeinen kennen gelernt haben, wollen wir in den folgenden Capiteln die Wirkungen desselben sammt ihren weittragenden Anwendungen etwas ausführlicher behandeln.

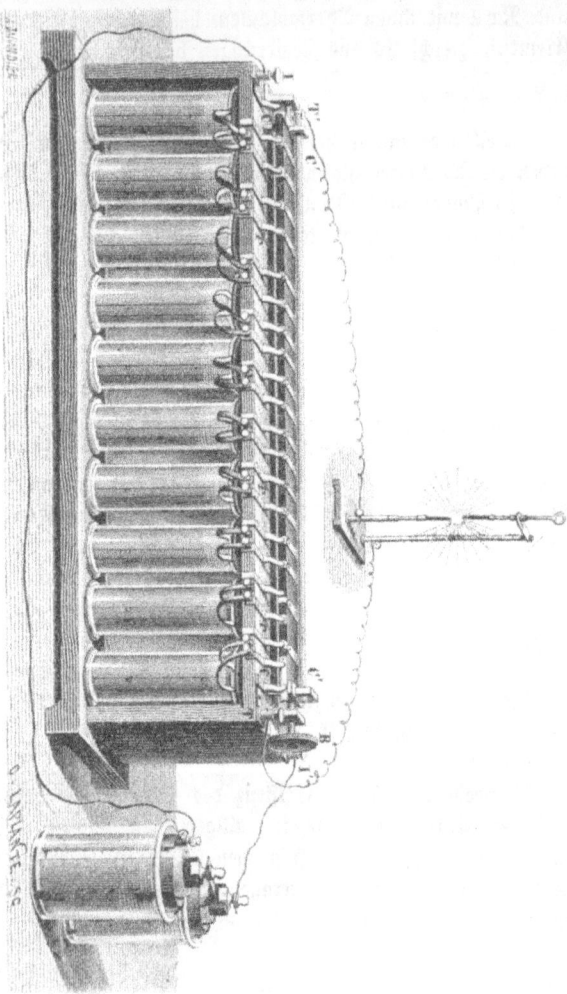

Fig. 37.

5. Die Telegraphie.

Das Bedürfniß, wichtige Ereignisse möglichst rasch auf
große Entfernungen hin anzuzeigen, hat sich schon bei den
ältesten Völkern durch die Anwendung von Feuersignalen kund=
gegeben. Nach Aeschylus wurde die Nachricht von der
Eroberung Troja's noch in derselben Nacht nach Argos tele=
graphirt, indem an neun Stationen große Feuer angezündet
wurden. Herobot erzählt, daß sich König Perseus durch
Feuersignale alle wichtigen Ereignisse von Griechenland nach
Macedonien melden ließ.

Nach Polybius und Julius Africanus war bei
den Griechen um das Jahr 450 v. Chr. die Fackeltelegraphie
schon ziemlich ausgebildet; es konnten bereits durch ver=
schiedene Combinationen von Fackeln bestimmte Zeichen ge=
geben werden.

In diesem rohen Zustande blieb jedoch die Telegraphie,
bis im Jahre 1684 der Engländer Robert Hook die An=
wendung des Fernrohres zur Beobachtung von aus der Ferne
gegebenen Signalen vorschlug; allein es sollten noch mehr als
hundert Jahre vergehen, bis der französische Ingenieur
Claude Chappe einen geeigneten Signalgeber einführte
und im Jahre 1794 die erste eigentliche Telegraphenlinie
zwischen Paris und Lille auf eine Distanz von 60 französi=
schen Meilen mit 22 Zwischenstationen dem förmlichen Be=
triebe übergeben konnte. Bald mehrten sich nun die Tele=
graphenlinien, und der Nutzen, welchen der erste Napoleon
von denselben zog, gab Veranlassung, daß auch in England,
Preußen und anderen Ländern optische Staatstelegraphen
(Fig 38) eingerichtet wurden. Gegenwärtig finden wir diese
Art der Telegraphie freilich blos noch hie und da an den Bahn=
wärterhäuschen einzelner Eisenbahnlinien; der galvanische Strom

hat die Mittel geboten, sich von den Mißständen derartiger, immerhin unsicheren Einrichtungen unabhängig zu machen.

Unser Landsmann Sömmering war der Erste, der eine Wirkung des galvanischen Stromes zum Telegraphiren in Anwendung brachte und bereits im Jahre 1808 in München einen Apparat construirte, bei welchem die Wasserzersetzung durch den Strom benützt wurde, um in die Ferne Signale zu versenden. Ampère machte im Jahre 1820 den Vorschlag, die Ablenkung der Magnetnadel für die Telegraphie zu verwerthen, und Ritchie hat diesen Vorschlag im Modelle ausgeführt; allein er hatte noch so viele Multiplicatoren und damit eben so viele Zuleitungsdrähte, die von einer Station nach der anderen gehen sollten, nöthig, als das Alphabet Buchstaben besaß, oder überhaupt so viele als eben Zeichen zu geben waren. Dem russischen Staatsrathe Baron Schilling von Cannstadt gebührt das Verdienst, die Zahl der Leitungsdrähte von einer Station nach der anderen auf zwei reducirt zu haben.

Bis dahin waren es jedoch immer noch Versuche im Kleinen; die erste Ausführung in größerem Maßstabe verdanken wir Gauß und Weber, welche im Jahre 1833 einen vereinfachten Apparat mit nur zwei Leitungsdrähten zwischen der Sternwarte und dem physikalischen Cabinete in Göttingen einrichteten und damit bewiesen, daß das Problem der elektromagnetischen Telegraphie wirklich praktisch lösbar sei.

Der Münchener Akademiker Steinheil erhielt bald darauf vom Könige von Bayern den Auftrag, eine der Göttinger ähnliche Telegraphenleitung zwischen dem Akademiegebäude in München und der Sternwarte in Bogenhausen auszuführen, welche auch im Jahre 1837 zu Stande kam.

Der günstige Erfolg seiner Untersuchungen veranlaßte Steinheil, auch an den damals im Entstehen begriffenen Eisenbahnlinien seine Versuche fortzusetzen, und bei dieser

Fig. 38.

Gelegenheit wurde er auf die ungemein wichtige Benützung der Erde als Leitung geführt, wodurch die eigentliche Telegraphenleitung auf nur einen einzigen Draht zurückgeführt war.

Nach diesen wenigen historischen Bemerkungen wollen wir nun etwas näher auf die Sache selbst eingehen und versuchen, unseren Lesern einen genaueren Einblick in das Wesen der elektromagnetischen Telegraphie zu geben.

Wenn wir die Wirkungen des galvanischen Stromes zum Telegraphiren überhaupt verwenden wollen, so ist vor Allem klar, daß wir dazu eine galvanische Batterie nöthig haben, in deren Schließungskreis — die Leitung — die beiden Stationen, zwischen welchen telegraphische Depeschen befördert werden sollen, eingeschaltet sein müssen. Bringen wir dann an der einen Station Vorrichtungen an, vermittelst welcher der Schließungskreis geschlossen oder geöffnet werden kann, so wird der galvanische Strom an der anderen Station, wenn daselbst wieder geeignete Einrichtungen vorhanden sind seine Wirkungen zu erkennen geben und zwar so lange eben der Stromkreis geschlossen ist. Die Apparate an den beiden Stationen müssen also der Art eingerichtet werden, daß an der ersten, der zeichengebenden Station, der Strom, um bestimmte Zeichen geben zu können, in ganz bestimmter Weise geschlossen werden kann, und daß an der zweiten, der zeichenempfangenden Station, aus den Stromwirkungen mit Sicherheit beurtheilt werden kann, welches Zeichen an der ersten Station gegeben wurde. Man unterscheidet deshalb bei jedem Telegraphen den Zeichengeber oder Manipulator und den Zeichenempfänger oder Receptor. Man hat bisher dem Manipulator sowohl als dem Receptor die verschiedenartigsten Einrichtungen gegeben und kann danach auch verschiedene Classen von Apparaten unterscheiden, als Nadeltelegraphen, Zeigertelegraphen, Schreibtelegraphen, Typendrucktelegraphen, Copirtelegraphen.

8*

Die Nadeltelegraphen sind gegenwärtig nur noch in Eng=
land und auch hier blos in ganz beschränkter Weise im Ge=
brauche; dagegen haben die Zeigerapparate noch eine ziemlich
große Verbreitung namentlich an den französischen Eisenbahn=
linien; wir wollen deshalb einen der verbreitetsten derselben,
den Breguet'schen Zeigertelegraphen etwas näher beschreiben.

Bevor wir aber dazu übergehen können, müssen wir
unseren Lesern vor Allem erklären, was man unter einem
Elektromagneten zu verstehen hat.

Windet man um ein gerades Stück weichen Eisens einen
isolirten, mit Seide übersponnenen Kupferdraht spiralförmig
auf, so wird in dem Momente, in welchem der Strom durch
die Drahtspirale geht, der weiche Eisenkern ein Magnet, und
zwar ist dasjenige Ende, welches vom Strome, wenn man es
von vorn betrachtet, in dem Sinne umflossen wird, wie sich
der Zeiger einer Uhr vor dem Zifferblatte wegbewegt, ein
Südpol, das andere Ende ein Nordpol geworden.

Einen auf solche Weise entstandenen Magneten nennt
man einen Elektromagnet.

Biegt man das weiche Eisenstück hufeisenförmig um, so
haben wir dasselbe Verhältniß wie zwischen einem stählernen
Hufeisenmagnet und einem geraden Magnetstabe, wir haben
einen sogenannten doppelschenkeligen Elektromagneten, der, so
lange ihn der Strom umkreist, genau die gleichen Eigen=
schaften besitzt, wie ein permanenter Stahlmagnet (Fig. 39).
Der Magnetismus verschwindet aber sogleich fast vollständig
wieder, sobald man den Schließungskreis des Stromes unter=
bricht.

Dieses Entstehen und Verschwinden des Magnetismus
in einem weichen Eisenkerne mit dem Schließen und Oeffnen
des Stromkreises spielt nun in der Telegraphie eine Haupt=
rolle. Bringt man (Fig. 40) nämlich vor einem Elektro=
magnet einen Anker A von weichem Eisen an, der um eine

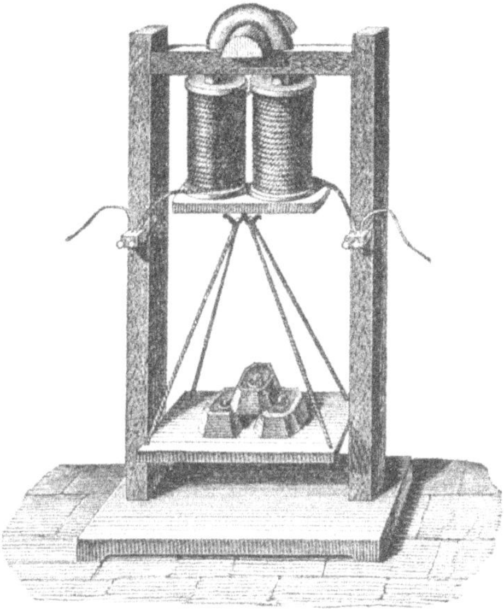

Fig. 39.

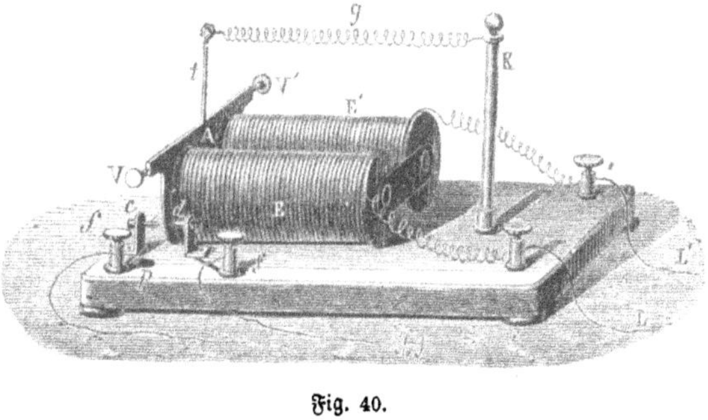

Fig. 40.

Achse V V' drehbar ist, so wird derselbe, sobald der Strom im Drahte des Elektromagneten circulirt, angezogen; sobald der Strom im Drahte verschwindet, zieht die Feder g den Anker in seine ursprüngliche Lage zurück.

Bei den meisten elektromagnetischen Telegraphen ist nun der Manipulator nichts anderes als ein Apparat, der dazu dient, in geeigneter Weise den Stromkreis zu öffnen und zu schließen, während der Receptor im Wesentlichen aus einem Elektromagneten besteht, mit dessen Anker eine Vorrichtung verbunden ist, welche das Oeffnen und Schließen des Stromes und damit das Anziehen und Zurückgehen des Ankers auf einen Mechanismus überträgt, der den Telegraphisten an der Empfangsstation in den Stand setzt, sogleich zu erkennen, welches Zeichen der Abgeber der Depesche mit dem Oeffnen und Schließen des Stromes geben wollte.

Der Zeigertelegraph.

Wir wollen jetzt sehen, wie diese Punkte beim Breguet'schen Zeigerapparate in Wirklichkeit ausgeführt sind.

Am Manipulator desselben sieht man außen eine kreisförmige Scheibe (Fig. 41), welche rings herum die 25 Buchstaben des Alphabets und ein Kreuz, sowie concentrisch damit die Zahlen 1 bis 25 mit dem Kreuze, im Ganzen also 26 Zeichen trägt. Im Centrum dieser Scheibe ist eine Curbel um eine Achse drehbar. Unterhalb der Zeichenscheibe befindet sich, an der Curbelachse befestigt, eine zweite Metallscheibe, welche an ihrem Rande wellenförmig ausgeschnitten ist und halb so viele Erhöhungen (Wellenberge) oder Vertiefungen (Wellenthäler) besitzt, als Zeichen an der oberen Scheibe vorhanden sind.

An diese Wellenscheibe legt sich ein Hebel ll' an, der um eine Achse bei O drehbar ist.

Dreht man nun mittelst der Curbel die Wellenscheibe, so bewegt sich das Ende l an den Wellen hin und her, während das Ende l' zwischen den beiden Metallstäbchen p

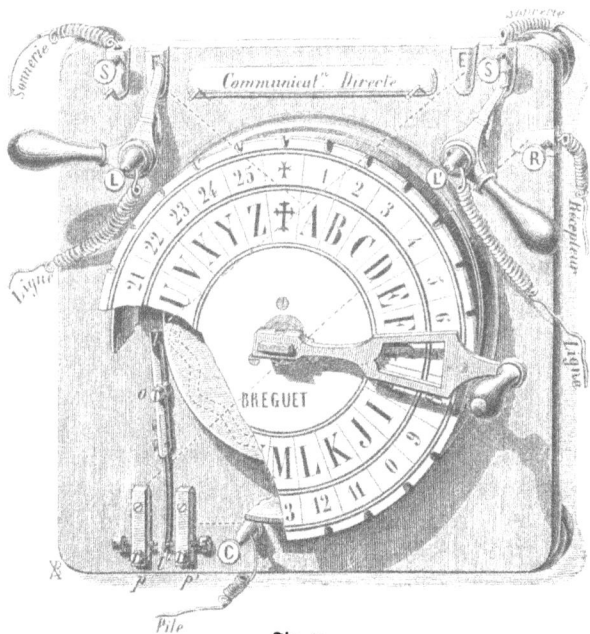

Fig. 41.

und p' hin- und hergeht. Die Achse der Wellenscheibe und die Klemme C sind in den Schließungskreis der Batterie eingeschaltet, und man sieht also, wie durch das Drehen der Curbel an der Zeichenscheibe einmal der Hebel ll' in seine hin- und hergehende Bewegung versetzt, damit aber auch der Strom abwechselnd geöffnet und geschlossen wird.

Dieses Oeffnen und Schließen muß — wie bereits er=
wähnt — auf den Receptor an der anderen Station in paf=
fender Weise übertragen werden. Es trägt deshalb dieser
vor Allem einen Elektromagneten E E (Fig 42), dessen Draht
wieder in den Schließungskreis der Batterie eingeschaltet
wird, in dem sich auch der Manipulator befindet. Vor dem
Elektromagnet ist ein beweglicher Anker A, der an der Seite

Fig. 42.

einen Ansatz t trägt. Dieser Ansatz greift mittelst einer Ueber=
setzung in ein doppeltes Echappement=Rad ein, das durch ein
Uhrwerk beständig das Bestreben hat, sich um seine Achse zu
drehen und daran blos durch den Stift p gehindert wird.

Würde man diesen Stift entfernen (Fig. 43), so würde sich das Echappementrad so lange drehen, bis das Uhrwerk abgelaufen ist.

Allein eben der Stift p ist es, welcher das Echappement=Rad blos dann um einen Zahn weiter gehen läßt, wenn der Anker des Elektromagneten angezogen wird oder wieder zurückgeht. Dieses abwechselnde Anziehen und Zurückgehen des

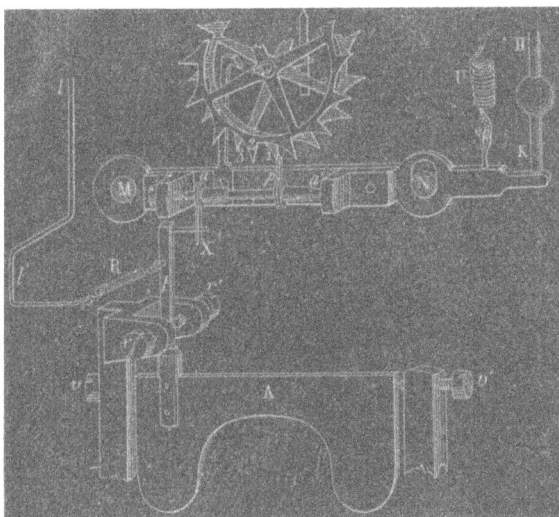

Fig. 43.

Ankers wird aber durch das Schließen und Oeffnen des Stromes mittelst des Manipulators bewirkt. Man sieht also, daß, wenn das Echappement=Rad eine der Anzahl der Zeichen am Manipulator entsprechende Zahl von Zähnen besitzt, es sich ganz in der gleichen Weise drehen wird wie die Curbel am Manipulator.

Um nun diese Drehung außerhalb des Apparatkastens
ersichtlich zu machen, ist an der Vorderseite desselben (Fig. 44)
eine Zeichenplatte angebracht, welche die nämlichen Zeichen
wie der Manipulator trägt. In der Mitte dieser Platte tritt
durch ein Loch die Achse des Echappement-Rades heraus und
trägt einen Zeiger. Beginnen wir die Operation, wenn sowohl die Curbel am Manipulator als der Zeiger am Receptor
auf demselben Zeichen — dem Kreuze — steht, so ist ein-

Fig. 44.

leuchtend, daß sich der letztere, wenn man die Curbel des Manipulators im Sinne des Zeigers einer Uhr herumführt, in
ganz derselben Weise herumdrehen wird. Hält man mit der
Curbel am Manipulator bei einem bestimmten Zeichen etwas
inne, so wird auch der Zeiger am Receptor bei demselben
Zeichen etwas stehen bleiben und man ist dadurch in den
Stand gesetzt, das Zeichen zu erkennen, welches der Telegraphist an der Abgangsstation geben wollte.

Die folgende Figur 45 zeigt eine mit dem Breguet'schen
Zeigerapparate vollständig eingerichtete Telegraphenstation.

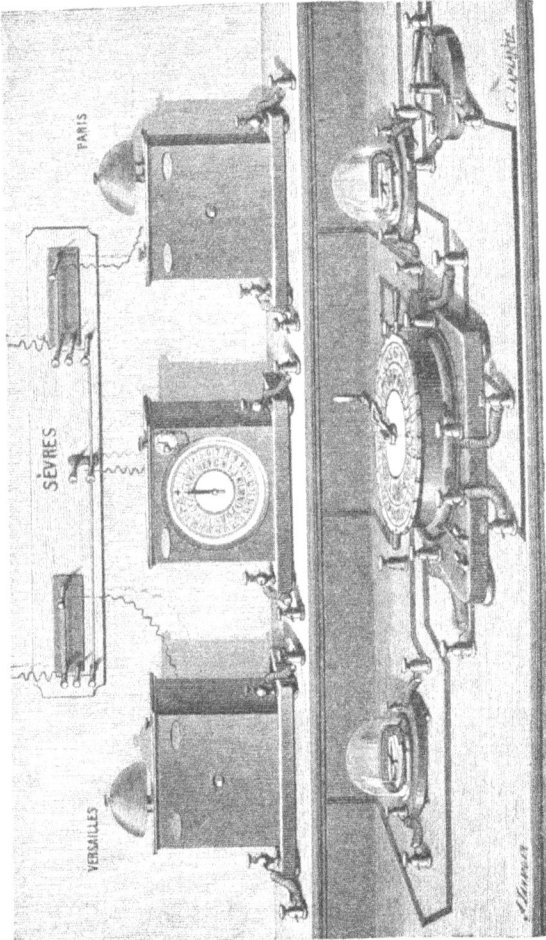

Fig. 45.

Auf der Tischplatte befindet sich der Manipulator, darüber
der Receptor; auf beiden Seiten von diesem stehen Glocken=
werke, welche den Telegraphisten von der Ankunft einer
Depesche in Kenntniß setzen. Außerdem sieht man noch zwei
Multiplicatoren, welche sogleich erkennen lassen, ob sich die
Leitungen nach den nächsten Stationen in Ordnung befinden
oder nicht.

Der Morse'sche Schreibapparat.

Von allen bisher vorgeschlagenen und zur Anwendung
gekommenen Telegraphenapparaten ist der von Morse an=
gegebene weitaus der einfachste und gewiß auch einer der
besten; er zeichnet sich vor dem Zeigertelegraphen wesentlich
dadurch aus, daß er die Depeschen am Receptor nicht blos
vorübergehend angibt, sondern dadurch, daß dieselben auf einem
Papierstreifen fixirt werden, auch gestattet, zu jeder Zeit die
eingelaufenen Telegramme zu controlliren.

Morse hat sich durch seinen Apparat ein so großes
Verdienst um die Telegraphie erworben, daß es unsere Leser
wohl interessiren dürfte, wenn wir seine Biographie in Kürze
hier beifügen; wir folgen dabei einem hochverdienten Schrift=
steller über Telegraphie, Director Schellen in Cöln.

Samuel Finley Breese Morse wurde geboren zu
Charlestown (Massachusets) den 29. April 1791. Da er von
seiner frühesten Jugend an große Lust zum Malen gezeigt
hatte, so schickte sein Vater ihn nach Europa, damit er sich
in England in der Kunst, der er sein ganzes zukünftiges Leben
widmen wollte, vervollkommnen sollte. Im Jahre 1813 war
eines seiner größeren Bilder „Dying Hercules" in der König•
lichen Akademie ausgestellt und ließ sehr Vieles von dem jungen
Künstler erwarten. Er erhielt als Preis öffentlich eine goldene
Denkmünze und eine lobende Anerkennung des Vorsitzenden

der Gesellschaft. Außerdem aber beschäftigte er sich mit Mo=
delliren und Sculpturarbeiten. Im Jahre 1815 ging er nach
Amerika zurück voll der schönsten Hoffnungen auf eine glänzende
Zukunft. Allein er hatte sich getäuscht und gerieth in kurzer
Zeit in so große Verlegenheit, daß er sich dazu hergeben
mußte, fast um jeden Preis Porträts anzufertigen. Unter
abwechselndem Glücke lebte er dann bald in Boston, bald in
verschiedenen Städten in New Hampshire, bald im Süden,
bald im Norden von Nordamerika, meist mit Porträts und
historischen Bildern beschäftigt. Im Jahre 1825 gründete er
zu New York eine Malergesellschaft, die den Keim bildete zu
der „National Academy of Design", deren Präsident er
mehrere Jahre nach ihrer Gründung blieb und in deren Auftrag
er 1829 wieder nach Europa ging, um sich mit der Ein=
richtung der hervorragendsten Maler= und Zeichenschulen,
sowie mit den Künstlern und Kunstwerken Englands, Italiens
und Frankreichs näher bekannt zu machen.

Morse, der schon in Amerika an den öffentlichen Vor=
lesungen über Elektricität und Galvanismus regen Antheil
genommen hatte, fand sich auf dieser Reise durch die Bekannt=
schaft, die er mit Daguerre anknüpfte, und die neuen Ent=
deckungen, die um diese Zeit auf dem Gebiete des Elektro=
magnetismus gemacht wurden, mächtig angeregt.

Die Idee des elektrischen Telegraphen nahm dabei vor=
zugsweise sein Denken in Anspruch und beschäftigte ihn fast
ununterbrochen auf der Rückreise von Europa nach Amerika.
Bevor er in den Vereinigten Staaten landete, hatte er in
seinem Skizzenbuche den Plan und die Zeichnungen zu einem
Drucktelegraphen entworfen und ein System von Zeichen ge=
bildet, das aus Combinationen von Punkten und Strichen bestand.
Nach seiner Ankunft in New York machte sich Morse daran,
seine Ideen zur Ausführung zu bringen; er kam dabei sehr
bald zu Combinationen, die einen günstigen Erfolg in Aussicht

stellten, und schon 1835 wurde der neue Telegraph von Morse seinen Freunden vorgezeigt, im darauffolgenden Jahre aber in der City von New York öffentlich ausgestellt. Aller Anstrengungen ungeachtet gelang es Morse doch erst im Jahre 1843, eine Unterstützung der Regierung von 30000 Dollars zu erhalten, um eine Versuchslinie zwischen Washington und Baltimore zu errichten; am 27. Mai 1844 wurde die erste telegraphische Depesche mit dem Morse'schen Apparate auf dieser Linie befördert.

Wie sehr der neue Telegraph Morse's von den späteren Einrichtungen, die er seinen Apparaten gab, verschieden war, ersieht man daraus, daß der Elektromagnet an demselben 158 Pfund wog und zwei Menschen erforderlich waren, um ihn mit seinem Gerüste von der Stelle zu bewegen. Die Drahtspulen des Elektromagnets waren 3½ Zoll lang und hatten 18 Zoll im Durchmesser; der eiserne Kern dagegen hatte noch nicht 1 Zoll Durchmesser.

Dieser Riesenapparat wurde nur kurze Zeit beibehalten und bald durch einen anderen von kleineren Dimensionen nach Angabe des Professor Page ersetzt.

Dieser letztere blieb im Gebrauche, bis derjenige in Anwendung kam, den Morse auf einer dritten Reise durch Europa 1843 in Frankreich gekauft hatte und nach dessen Modell die jetzt in Betrieb befindlichen Elektromagneten construirt sind.

Gegenwärtig ist der Morse'sche Telegraph, nachdem er in Europa auf den höchsten Grad der Vollkommenheit gebracht ist, unter allen telegraphischen Apparaten am meisten in Anwendung. Er ist in allen Ländern im Gebrauche und er erweist sich bis jetzt für die Correspondenzen des Staates und den allgemeinen Verkehr der Nationen überhaupt unter allen anderen telegraphischen Vorrichtungen am meisten praktisch. Morse selbst verlebte den Rest seiner Tage zu New York, geehrt und belohnt von allen Nationen, bei denen sein Name

stets im Andenken bleiben wird. Er starb daselbst am
2. April 1872.

Gehen wir nun zur Betrachtung des Apparates selbst über.

Der Receptor (Fig. 46) besteht aus einem vertical stehenden Elektromagnet, über welchem sich ein eiserner Anker befindet, der am Ende eines langen, zweiarmigen Hebels angebracht

Fig. 46.

ist. Am Ende des anderen Hebelarmes befindet sich eine nach
aufwärts gerichtete Spitze. Wird der Strom durch den Draht
des Elektromagneten geleitet, so zieht dieser, da er nun magnetisch ist, den Anker an und zwar nach abwärts, während
gleichzeitig die Spitze am anderen Hebelarme in die Höhe geht.
Hört der Strom auf im Elektromagnetdraht zu circuliren, so
verschwindet der Magnetismus; der Hebelarm, der die Spitze
trägt, wird durch eine Feder nach abwärts gezogen und gleichzeitig damit geht der Anker des Elektromagneten in die Höhe.

Ueber der Spitze am linken Hebelarme (in unserer
Fig. 46) befindet sich nun ein schmaler Papierstreifen, welcher

durch ein Uhrwerk mit gleichförmiger Geſchwindigkeit vor der
Spitze vorbeigezogen wird. Iſt dabei die Spitze durch den
Magnetismus im Elektromagneten ge=
hoben, ſo macht ſie einen Eindruck
in das Papier; verſchwindet der
Strom im Elektromagneten, ſo geht
die Spitze vom Papier zurück und
man ſieht ſo, wie man im Stande
iſt, durch mehr oder weniger langes
Schließen des Stromes längere oder
kürzere Eindrücke — Striche und
Punkte — im Papier zu erzeugen
(Fig. 47).

Iſt anſtatt der einfachen Spitze
ein Bleiſtift oder eine Vorrichtung,
welche Farbe gibt, angebracht, ſo
erhält man farbige Striche und
Punkte auf dem Papier, und man
unterſcheidet deshalb zwiſchen Stift=
ſchreibern und Farbſchreibern,
wovon jedoch gegenwärtig blos die
letzteren im Gebrauche ſind.

Es handelt ſich nur noch da=
rum, ſich über die Zeichen zu einigen,
welche den einzelnen Buchſtaben ent=
ſprechen ſollen, und Morſe ſelbſt
hat, wie bereits erwähnt, aus Com=
binationen von Punkten und Strichen
ein Alphabet zuſammengeſtellt, das
gegenwärtig in folgender Weiſe an=
gewandt wird.

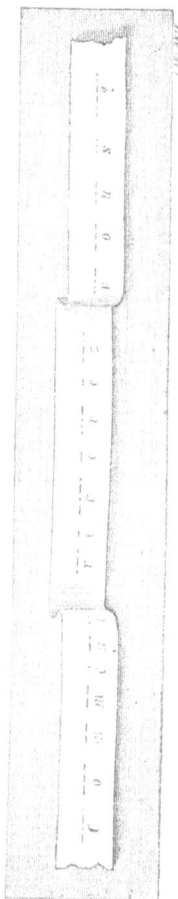

Fig. 47.

a. Die Buchstaben:

.—	—...	—.—.	——.—	—..	.	..—.
a	b	c	ch	d	e	f

——.	....	..	.———	—.—	.—..	——
g	h	i	j	k	l	m

—.	———	.——.	——.—	.—.	...	—
n	o	p	q	r	s	t

..—	...—	.——	—..—	—.——	——..
u	v	w	x	y	z

.—.—	———.	..——
ä	ö	ü

b. Die Ziffern:

1	.————	6	—....
2	..———	7	——...
3	...——	8	———..
4	....—	9	————.
5	.....	10	—————

c. Die Interpunctionen:

.	......	Punkt,
;	—.—.—.	Semikolon,
,	.—.—.—	Komma,
:	———...	Kolon,
?	..——..	Fragezeichen,
!	——..——	Ausrufungszeichen,
-	—.....	Bindestrich,
'	.————.	Apostroph,
/	——————	Bruchstrich,
()	—.——.—	Klammer,
	.—.—..	alinea,
é	..—..	französisches é.

Weit einfacher als der Receptor am Morse'schen Ap=
parate ist der Manipulator, der hier gewöhnlich den Namen
„Taster" oder „Schlüssel" führt; die letztere Bezeichnung
deshalb, weil er eben dazu dient, den Strom im Elektromag=
neten des Receptors nach Belieben schließen und öffnen zu
können.

Der Morse'sche Schlüssel in seiner gebräuchlichsten
Einrichtung (Fig. 48) ist ein zweiarmiger Metallhebel, der
um eine Achse, die wieder in einem Metalllager ruht, drehbar
ist. Beide Hebelarme tragen Metallansätze, unter denen auf
dem Bodenbrette entsprechend leitende Metallplättchen — die
sogenanten Contacte — angebracht sind.

Fig. 48.

Am einen Ende trägt der Hebel einen isolirenden Knopf,
und der zugehörige Hebelarm erhält durch eine Feder beständig
das Bestreben, den vorderen Contact offen, den hinteren Contact
geschlossen zu halten.

Mit dem vorderen Contacte steht die Batterie, mit dem
Achsenlager der Liniendraht in Verbindung. Wird nun der
isolirende Knopf niedergedrückt, so wird der vordere Contact
geschlossen; der Batteriestrom kann zur nächsten Station ge=
langen und den Elektromagneten und damit den Schreibstift des
Morse=Receptors in Thätigkeit versetzen.

Der hintere Contact steht mit dem Schreibapparate der
Station, an welcher sich der Schlüssel befindet, in Verbindung

9*

und hat den Zweck, den Strom, der von der nächsten Station
kommt, ungehindert durch den Schlüssel zum Schreibapparat
gelangen zu lassen.

Da das gewandte Manipuliren des Schlüssels immer
große Uebung voraussetzt, so hat schon Morse eine eigene
Vorrichtung — die Schreibplatte — erfunden, auf welcher
die Striche und Punkte des Alphabetes durch gute und schlechte
Leiter (Metall= und Elfenbeinstückchen) dargestellt sind. Die
Metallstückchen der Platte und ebenso ein metallener Griffel
sind in die Stromleitung eingeschaltet; fährt man nun mit
dem Griffel über einen beliebigen Buchstaben weg, so wird
derselbe ebenso wie durch den Taster auf den Papierstreifen
am Receptor übertragen.

Daß übrigens das Einüben mit dem Morse'schen
Schlüssel keine unübersteiglichen Hindernisse bietet, beweist der
Umstand, daß in Deutschland nirgends die Schreibplatte zur
Anwendung kommt. Alle unsere Telegraphenbeamten operiren
mit dem Taster, und die meisten derselben erlangen damit
eine so große Uebung, daß sie aus den bloßen Schlägen des
Schreibhebels des Receptors gegen die Arretirung die Depesche
gleichsam abhören; sie haben gar nicht mehr nöthig nach dem
Papierstreifen zu sehen.

In Amerika hat man sogar einen eigenen Apparat, den
Klopfer, hergestellt, bei welchem die Depeschen blos abge=
hört werden. Derselbe besteht aus einem Elektromagnet, dessen
Anker, wie beim Schreibapparat, am Ende eines zweiarmigen
Hebels angebracht ist; das Ende des anderen Hebelarmes
schlägt gegen einen kleinen Amboß (wie der Schreibstift gegen
den Papierstreifen), so daß die Schläge einen scharfen Schall
erzeugen. Auch in Frankreich hat man solche Klopfer ange=
wendet und sie parleurs, Sprecher, genannt.

Das Relais.

Der Schreibstift am Morse'schen Receptor muß mit einer ziemlich bedeutenden Kraft in die Höhe geschnellt werden, wenn die Eindrücke mit hinreichender Schärfe auf dem Papierstreifen erscheinen sollen.

Nun wird aber bei den langen Linien der Strom bedeutend geschwächt und es geht besonders auch an den Tragstangen ein ziemlich beträchtlicher Theil der Stromkraft verloren, so daß selbst eine sehr große Batterie nicht mehr ausreicht, den Eisenkern des Elektromagneten hinreichend stark magnetisch zu machen, daß er im Stande wäre, seinen Anker mit der nöthigen Kraft anzuziehen und gleichzeitig den Schreibstift emporzuschnellen.

In einem solchen Falle wendet man mit Vortheil das Uebertragungsprincip an, welches darin besteht, daß die Linienbatterie, in welche der Manipulator eingeschaltet ist und deren Strom durch die Drahtleitung nach der entfernteren Station geht, nicht dazu verwendet wird, den Receptor direct in Thätigkeit zu versetzen, sondern vielmehr nur dazu dient, um durch eine kleine und leicht d. h. durch schwache Stromeskraft zu erzeugende Bewegung eine zweite Batterie — die sogenannte Orts= oder Localbatterie — zu schließen und zu öffnen. Da nun in den Schließungskreis der Localbatterie der Receptor eingeschaltet wird, so ist klar, daß dieser ebenso in Thätigkeit versetzt wird, wie wenn der Linienstrom direct auf ihn einwirken würde.

In der folgenden Fig. 49 sei der links befindliche Elektromagnet in die Linienleitung eingeschaltet; der rechts stehende Elektromagnet sei der des Receptors und sei in den Schließungskreis der in der Fig. 49 sichtbaren Localbatterie eingeschaltet. Dieser Schließungskreis ist aber für gewöhnlich offen und wird nur dann geschlossen, sobald der linke Uebertragungs=

Elektromagnet seinem Anker eine wenn auch ganz geringe
Bewegung ertheilt. Hört der Strom auf im Uebertragungs=
Elektromagneten zu circuliren, so zieht eine Feder seinen Anker
wieder zurück und öffnet damit gleichzeitig den Schließungskreis
der Localbatterie. Der Elektromagnet am Receptor wird also
gerade so lange magnetisch als der Uebertragungs=Elektro=
magnet; allein er wird stärker magnetisch als dieser, weil der
Strom der Localbatterie, wiewohl dieselbe kleiner als die Linien=

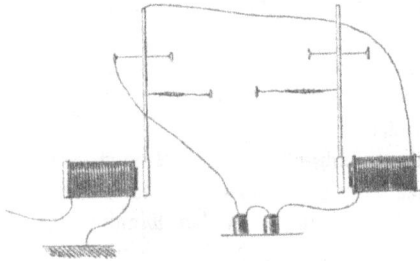

Fig. 49.

batterie ist, nicht durch äußere Widerstände ꝛc. geschwächt wird.
Der Schreibstift kann also die Eindrücke auf dem Papier=
streifen mit der nöthigen Schärfe markiren.

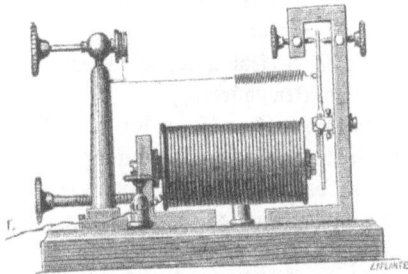

Fig. 50.

Eine solche Uebertragungsvorrichtung nennt man in der Telegraphie gewöhnlich ein Relais; Fig. 50 zeigt die Einrichtung, welche der französische Constructeur Froment dem Apparate gegeben hat.

Der Liniendraht L geht durch den Elektromagneten, dessen Anker am Ende eines zweiarmigen Hebels sich befindet, der ungemein leicht beweglich eingerichtet ist. Das andere Ende des Hebels steht zwischen zwei Schrauben und wird, wenn kein Strom durch den Elektromagneten geht, von der in der Figur sichtbaren Spiralfeder an die linke Schraube, die an ihrem Ende ein isolirendes Elfenbeinknöpfchen trägt, angedrückt. Geht aber der Linienstrom durch den Elektromagneten, so wird sein Anker angezogen und gleichzeitig das andere Ende des Hebels an die rechte ganz aus Metall bestehende Schraube hinübergezogen. Nun bilden sowohl der Hebelarm als die rechte Schraube die beiden Enden des Schließungskreises der Localbatterie, und diese wird also auf solche Weise geschlossen. Hört der Strom auf im Elektromagneten des Relais zu circuliren, so wird sein Eisenkern unmagnetisch, die Spiralfeder zieht den Hebel an die linke, isolirende Schraube und der Strom der Localbatterie ist geöffnet.

Man hat dem Relais übrigens die verschiedenartigsten Einrichtungen gegeben, die alle hier zu beschreiben uns zu weit führen würde. Es ist nur noch zu bemerken, daß man auch den Morse'schen Schreibapparat selbst so empfindlich eingerichtet hat, daß gegenwärtig in den meisten Fällen die Anwendung eines Relais ganz überflüssig wird. Man gibt nämlich in diesem Falle dem Elektromagneten am Schreibapparate selbst eine sehr große Anzahl von Umwindungen eines ganz feinen Drahtes, z. B. 8500 Windungen eines nur $^2/_{10}$ Millimeter dicken Drahtes. Daß dabei aber außerdem auch der Schreibhebel ungemein leicht beweglich eingerichtet sein muß, bedarf wohl nach dem Gesagten kaum der Erwähnung.

Zum Schlusse unserer Betrachtungen über den Morse=
schen Apparat wollen wir durch die folgende Fig. 51 noch
eine mit diesem Apparate vollständig ausgerüstete Telegraphen=
station unsern Lesern vor Augen führen.

Der Typendrucktelegraph von Hughes.

In den letzten Jahren wurde in England, Frankreich und
Deutschland auf den großen Linien der Typendrucktelegraph
eingeführt, welchen der Amerikaner David Edward Hughes
erfunden hatte. Dieser überaus sinnreiche Apparat arbeitet
sehr rasch, er liefert alle Depeschen, in gewöhnlichen Lettern
gedruckt, zugleich an der Abgangs= und der Empfangsstation
wodurch die Controle wesentlich erleichtert wird; seine Mani=
pulation ist ungemein einfach. Der Mechanismus des Appa=
rates ist freilich sehr complicirt; wir wollen aber doch versuchen,
davon eine allgemeine Vorstellung zu geben.

Ist der Telegraph im Gange, so steht die Batterie, deren
beide Pole sich an den mit + und — bezeichneten Stellen in
der schematischen Figur 52 befinden, einerseits mit der Erde,
andererseits mit dem Knopfe t in Verbindung. Eine Claviatur,
die aus den 26 Buchstaben des Alphabetes (oder darüber
aus verschiedenen Zeichen) und zwei weißen Feldern zusam=
mengesetzt ist, bildet den Manipulator.

Will der Telegraphist einen Buchstaben absenden, so drückt
er die betreffende Taste nieder. Diese trifft aber auf t und
hebt nun einen Zapfen, welcher in der Figur an der Seite
der Abgangsstation mit G bezeichnet ist. Der galvanische
Strom geht dann in der Richtung der Pfeile durch alle Bie=
gungen des Drahtes bis zur Linienleitung L', welche zur
Empfangsstation führt.

Auf diesem Wege gelangt der Strom zuerst in die verticale
Achse a des Manipulators, die durch ein starkes Uhrwerk in

Fig. 51.

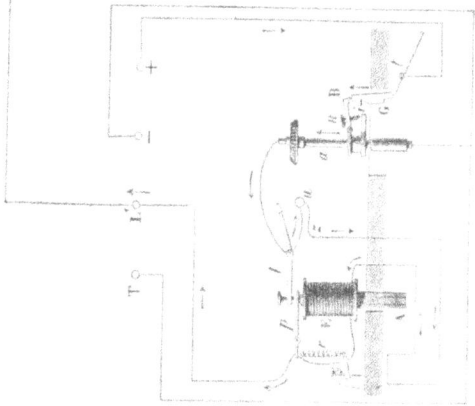

Abgangsstation.

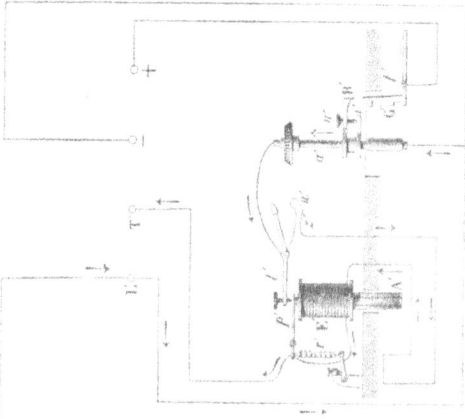

Fig. 52.

Empfangsstation,

sehr rasche Rotation versetzt wird.   Dreht sich so die Achse a,
so führt sie einen Schlitten mit, der über 28 Löchern in einer
festen Scheibe D weggeht, wie dies aus Fig. 53, welche den
ganzen Apparat darstellt, ersichtlich ist.   Jedem Zeichen ent=
spricht ein Loch, und der Zapfen, welchen die Taste hebt,
stößt bei der Umdrehung das Stück B am Schlitten in die
Höhe.

Ist der Telegraph nicht im Gange, so liegt das Stück B
durch eine Schraube an dem unteren Theile des Schlittens
auf; für diesen Fall ist die Achse a, die aus zwei durch ein
isolirendes Elfenbeinstückchen getrennten leitenden Theilen
besteht, in metallischer Verbindung mit der Erde T.   Dieses
Stück B' setzt, wie dies die Empfangstation in der schema=
tischen Fig. 52 zeigt, die beiden sonst isolirten Theile der
Achse unter einander in Verbindung und der Strom kann nun
bei T in die Erde übergehen.   Wird der Telegraph in Gang
gesetzt, so kann der Strom, da das Stück B momentan ge=
hoben wird, nicht mehr zur Erde gelangen, er wird vielmehr
aus der Batterie beim Manipulator in die Linienleitung L'
übergehen.

Hat der Strom die Achse a verlassen, so geht er durch
die Elektromagnete E, wovon jeder mit dem Receptor der
Abgangs= und dem der Empfangsstation in Verbindung steht.

Jeder dieser Elektromagnete, bei welchen der Strom
nicht in der gewöhnlichen Weise wirkt, besteht aus einem
starken stählernen Hufeisenmagneten; auf jeden Pol desselben
ist ein weicher Eisenkern aufgesetzt, über welchem die Draht=
spirale aufgewunden ist.   Circulirt kein Strom, so wird das
weiche Eisen durch den Hufeisenmagnet magnetisirt und ein
Hebel p wird niedergezogen; sobald der Strom den Elektro=
magnetdraht durchfließt, macht er das weiche Eisen unmagnetisch
und der Hebel p, der nun nicht mehr angezogen gehalten

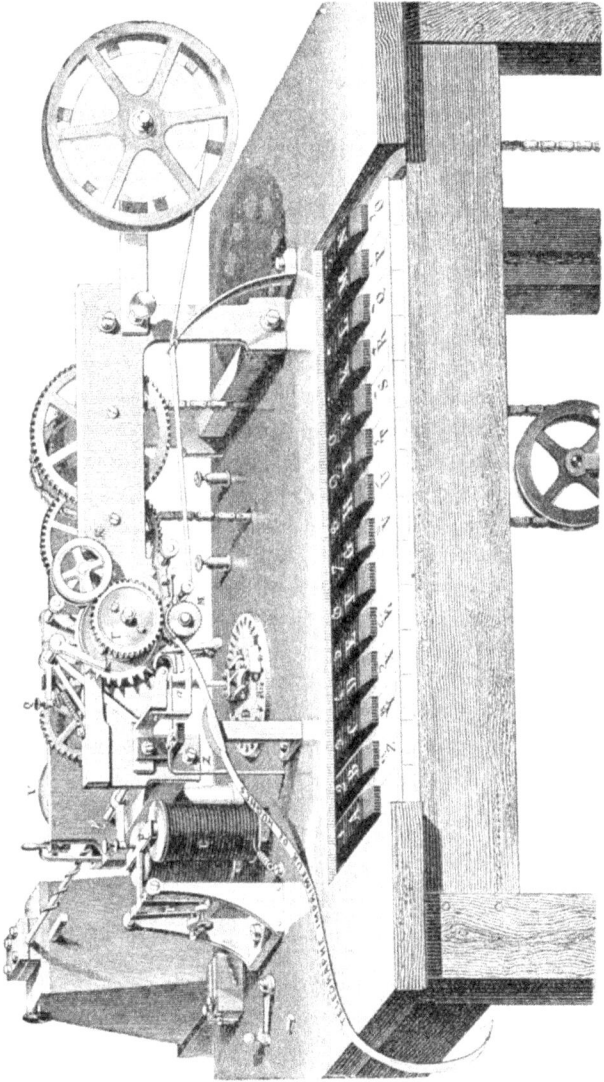

Fig 53.

wird, wird durch eine Abreißfeder r zurückgezogen und stößt an eine Schraube, die in der Fig. 52 neben l sichtbar ist.

Während also in den meisten Fällen der Strom das weiche Eisen in einem Elektromagneten magnetisirt und ein Anziehen des Ankers bewirkt, wird im vorliegenden Falle das Eisen unmagnetisch gemacht und der Anker abgestoßen; es ist dabei eine weit geringere Kraft erforderlich, um diese letztere Arbeit auszuführen, da die Abreißfeder so gewählt und regulirt ist, daß sie den Magnetismus bei der geringsten Abschwächung überwindet.

Das Zurückgehen des Hebels p bestimmt die Bewegung des Hebels l, der direct auf den Receptor einwirkt.

Der Receptor am Hughes'schen Apparate besteht aus zwei Haupttheilen; der eine heißt die Typenradachse, weil diese Achse das Buchstabenrad trägt, während der andere Theil als die Daumenachse oder auch als die Druckachse bezeichnet werden kann. Letztere Achse ist wieder aus zwei von einander unabhängigen Bestandtheilen gebildet. Der eine in der Figur nicht sichtbare Bestandtheil wird von einem Uhrwerke in rasche Umdrehung versetzt und macht etwa 700 Umgänge in der Minute; er trägt den Windflügel V (Fig. 53), der die Bewegung regulirt und jede Verzögerung der Achse verhindert, wenn sich irgend welche Widerstände zeigen sollten. Andererseits regulirt ein conisches Pendel die Bewegung des Uhrwerkes.

Der zweite, in der Fig. 54 im Detail sichtbare Bestandtheil der Daumenachse ist vom ersten unabhängig und bleibt so lange unbeweglich, als der Strom nicht circulirt.

Sobald aber durch den Ankerhebel p der Hebel l gehoben wird, nimmt ein Sperrhaken die beiden Bestandtheile der Achse zugleich mit und sie machen zusammen eine vollständige Umdrehung. Der Windflügel verhindert, daß dieser plötzliche

Widerſtand eine Verzögerung in der Bewegung der Achſe
herbeiführt. Iſt eine ganze Umdrehung zurückgelegt, ſo hört
der Sperrhacken auf einzugreifen und der zweite Theil der
Achſe wird wieder unbeweglich. Dieſer zweite Beſtandtheil
trägt vier ſogenannte Daumen, wovon jeder eine beſondere
Function hat.

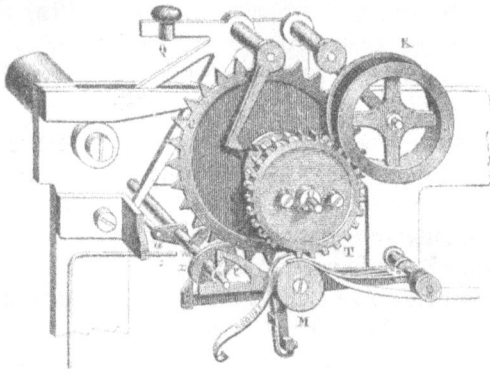

Fig. 54.

Die Typenradachſe beſteht gleichfalls aus zwei Theilen,
deren einer ſich continuirlich mit der gleichen Geſchwindigkeit
wie die Achſe a des Manipulators dreht. Der andere Theil
kommt in Rotation, ſobald der Telegraph in Gang geſetzt
wird, und der Strom circulirt. Zu dieſem Behufe ſtellt
einer der vier genannten Daumen, und zwar der letzte, mit n
bezeichnete die Verbindung zwiſchen den beiden Theilen der
Typenradachſe her, und dieſe Verbindung bleibt dann ſo lange,
bis die Depeſche vollendet iſt. Um die beiden Theile der
Typenradachſe wieder von einander unabhängig zu machen,
wie ſie es ſein müſſen, wenn kein Strom durch den Apparat
geht, drückt der Telegraphiſt auf den Knopf Q und bewirkt
damit die Auslöſung.

Sobald der Telegraph in Function tritt, dreht sich, wie gesagt, die Typenradachse von selbst mit der gleichen Geschwindigkeit wie die Achse des Manipulators. An der Typenradachse sind aber zwei Räder befestigt: das eine C, das sogenannte Correctionsrad, trägt 28 Zähne und hat den Zweck, beständig die Uebereinstimmung zwischen dem Receptor und dem Manipulator zu erhalten, wenn in Folge von Störungen die beiden Apparate nicht mehr genau übereinstimmen sollten. Der zweite Daumen u legt sich dann in die Zähne des Rades C und schiebt dasselbe vor- oder rückwärts, bis diese Uebereinstimmung wieder hergestellt ist.

Der Daumen u hat aber noch eine andere Function: wenn die Daumenachse sich nicht dreht, so legt er sich an die Feder z, welche die Verbindung des Manipulators mit der Linienleitung vermittelt.

Vor dem Correctionsrade dreht sich mit ihm gleichzeitig das Rad T, das an seinem Rande Buchdruckerlettern trägt, welche sich durch Reiben an der Schwärzrolle K mit Druckerschwärze bedecken. Es sind auf dem Rande dieses Rades nur 26 Buchstaben angebracht; den beiden weißen Feldern am Manipulator entspricht eine breite leere Stelle. Die cylindrische Druckwalze M dreht sich unter der Einwirkung des Daumens x, wodurch der Papierstreifen fortgezogen wird; sie wird außerdem vom Daumen y gehoben, und sobald sie sich an das Typenrad anlegt, wird der zu unterst liegende Buchstabe auf den Papierstreifen gedruckt. Es ist noch beizufügen, daß der expedirende Telegraphist durch einen neben ihm befindlichen Mechanismus das Typenrad durch ein anderes ersetzen kann, das in analoger Weise die Zahlen und die Interpunctionszeichen trägt, die man auf den Tasten des Manipulators gezeichnet sieht.

Dies wären die Haupttheile des ungemein sinnreichen

aber auch, wie man sieht, eben so complicirten Hughes'schen Telegraphen.

Will der expedirende Telegraphenbeamte die nächste Station anrufen, so setzt er das Laufwerk seines Apparates in Bewegung und drückt auf eine leere Taste; es wird dadurch eine Weckerglocke an der angerufenen Station in Gang gesetzt. Sind hierauf die vorbereitenden Zeichen gegeben und die beiden Laufwerke genau regulirt, so beginnt die Correspondenz: die einzelnen Tasten werden nach einander in der richtigen Aufeinanderfolge mit einer Geschwindigkeit niedergedrückt, welche von der Rotation der Achse des Manipulators abhängt. Geht der Schlitten B über den gehobenen Zapfen weg, so geht der Strom in den Liniendraht und es geht Alles in der beschriebenen Weise vor sich. Die Apparate und das Lauf= werk werden ein= für allemal mit solcher Sorgfalt regulirt, daß der gedruckte Buchstabe immer mit dem übereinstimmt, dessen Taste niedergedrückt wurde, d. h. daß der gehobene Zapfen von dem Schlitten B genau in dem Momente getroffen wird, wo der diesem Zapfen entsprechende Buchstabe am Typen= rade die unterste Stelle einnimmt.

Der Caselli'sche Pantelegraph.

Bei allen von uns bisher betrachteten telegraphischen Apparaten wurden die magnetischen Wirkungen des galvanischen Stromes in Anwendung gebracht. Wir haben auch schon chemische Wirkungen des Stromes kennen gelernt, die — wie wir später noch weiter sehen werden — zu einem großartigen Industriezweige, der Galvanoplastik, Veranlassung gegeben haben, und diese Wirkungen sind es, deren sich Caselli bei seinem autographischen Telegraphen bedient hat.

Ein englischer Mechaniker, Bain, erdachte ein tele=
graphisches System, bei welchem der eine Pol der Batterie
mit einem Stifte von Eisen, der andere Pol mit Papier in
Verbindung stand, das mit Chankalium getränkt war. So
oft die Spitze des eisernen Stiftes mit diesem Papier in Be=
rührung gebracht wurde, ward der Strom in der Batterie
geschlossen und man erhielt an dem Berührungspunkte eine
blaue Färbung. Das Chankalium wurde zersetzt und in
Folge einer ganz einfachen chemischen Reaction bildete sich
Berlinerblau. Eine beliebige Zeichnung, mit diesem Stift
gezogen, wurde durch eine Reihe von blauen Punkten
reproducirt.

Auf dem gleichen Principe beruht auch der Caselli=
sche Pantelegraph; allein von dieser rein theoretischen That=
sache bis zur Construction eines Telegraphenapparates war
noch ein großer Schritt zu thun.

Zahllose Schwierigkeiten waren jeden Augenblick zu ent=
fernen und stellten sich der Aufgabe entgegen, die sich Caselli
gesetzt hatte. Zehnjährige unausgesetzte Studien waren er=
forderlich; zehn Jahre lang mußte er einen Gedanken verfolgen,
der allen Anstrengungen Trotz zu bieten schien.

Vorerst mußten die Spuren des eisernen Stiftes nett
und präcis erhalten werden; daher durften weder Unreinheiten
noch ein Zerfließen der Farbe vorhanden sein. Dies zu er=
reichen war keine geringe Schwierigkeit. Caselli hat sie
gehoben, indem er das Papier feucht genug für das Zustande=
kommen der chemischen Reaction nahm, aber doch auch wieder
trocken genug, um die chemische Zersetzung auf größere Aus=
dehnung zu verhüten. Sodann mußte die Einwirkung des
Stromes eine momentane sein, damit ein Punkt wirklich
wieder als Punkt, weder zu groß noch zu klein, zu Stande
kam. Caselli hat dies Alles erreicht; alle Schwierigkeiten,
die sich in dem Maße darboten, als der Apparat an Form

10*

gewann, wurden so der Reihe nach überwunden, stets mit
Glück, oft sogar in einfacher Weise. Es kann übrigens auch
bei diesem Apparate hier nicht alles Detail gegeben werden;
wir müssen uns vielmehr begnügen, wieder die Haupteinrich=
tungen unseren Lesern vor Augen zu führen (Fig. 55).

Ein 2 Meter langes und 8 Kilogramm schweres Pendel
wird in Schwingungen versetzt; in der Mitte desselben sind
zwei Arme, in Gelenken beweglich, angebracht, einer für den
Uebertrager, der andere für den Receptor, welche beide Apparate
übrigens bis auf einige kleine Details identisch sind. Jeder
der genannten Arme trägt einen Rahmen, welcher den eigent=
lichen telegraphischen Apparat bildet. Allemal wenn das
Pendel z. B. nach rechts auf die Seite des Uebertragers
geht, stößt der Arm an einen Hebel, der durch einen passenden
Mechanismus eine eiserne Nadel in Bewegung setzt, die dann
in dem Rahmen unter der Einwirkung des Armes am Pendel
hin und her oscillirt. Sie legt sich an das Papier an, so
oft die Bewegung nach rechts statt hat; tritt die entgegen=
gesetzte Bewegung ein, so wird sie gehoben und berührt das
Papier nicht mehr. Außerdem rückt die Nadel nach jeder
Oscillation etwas weniges in der Längsrichtung fort, so
daß man, wenn man anstatt der Nadel einen sehr feinen
Bleistift angebracht hätte, auf dem Papier eine Reihe von
parallelen Linien erhalten würde, die einander sehr nahe
liegen, aber doch scharf von einander getrennt sind. Der
Mechanismus, der dazu dient, alle diese Verrückungen der
Nadel auszuführen, ist sehr complicirt, aber ungemein sinnreich.

Die Pendelschwingung versetzt also, um es noch einmal
kurz zu wiederholen, einen eisernen Stift in hin= und her=
gehende Bewegung; dieser berührt das Papier blos, wenn er
sich nach einer Richtung hin bewegt, und er wird etwas
weniges am Ende einer jeden Oscillation verstellt.

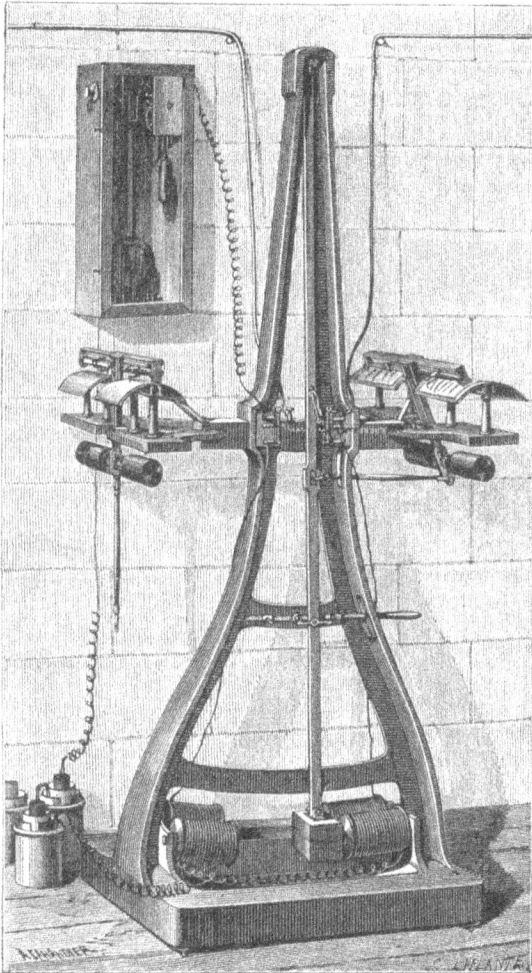

Fig. 55.

Das Papier wird einer besonderen Präparation unter=
worfen. An der Abgangsstation bedient man sich für den
Uebertrager eines Papierblattes, das mit einer Metallschicht
belegt ist, welche den galvanischen Strom gut leitet, und mit
einer isolirenden Tinte überzogen wird. An der Empfangs=
station wird für den Receptor ein mit Chankalium impräg=
nirtes Papier verwendet. So oft der Eisenstift des Ueber=
tragers die Metallfläche berührt, geht der Strom in die
Linienleitung; trifft der Stift auf die isolirende Tinte, so
hört der Strom auf, entsteht aber sogleich wieder, sobald der
Stift mit dem Metall in Berührung kommt. So lange der
Strom circulirt, ist der Stift an der Empfangsstation vom
Papier entfernt; sowie der Strom unterbrochen wird, wirkt
eine kleine Localbatterie auf den Stift, senkt ihn und markirt
auf dem Papier einen farbigen Punkt.

Bei dieser Art der Uebertragung besteht eine von dem
Caselli'schen Telegraphen geschriebene Depesche aus einer
Reihe sehr nahe an einander liegender Linien, auf denen
bestimmte Punkte markirt sind. Die Depesche, sei es eine
Zeichnung oder seien es Buchstaben, wird nicht durch eine
continuirliche Linie gegeben, sondern durch einander sehr nahe
gelegene Punkte, die im Ganzen die Zeichnung des Originales
wiedergeben und deren Farbe dunkelblau ist. (Fig. 56.)

Das am Receptor befindliche, mit Chankalium imprägnirte
Papierblatt ist noch etwas feucht und liegt auf einer Unter=
lage von Zinn. Beim Durchgange des Stromes hat dann
eine chemische Reaction zwischen dem Wasser und dem Zinn=
oxyd statt, womit sich die Oberfläche der Unterlage überzieht;
es wird so diese Oberfläche beständig metallisch rein erhalten
und bleibt ein guter Leiter für den galvanischen Strom. Ist
die Depesche fertig, so erhält man einen blauen Abdruck;
allein wenn man nun das Papier mit einer wässerigen Mischung

von Salpeter = und Pyrogallussäure behandelt, so wird die Zeichnung ganz schwarz und intensiv.

So, wie wir den Apparat bis jetzt beschrieben haben, würde blos ein Theil der Pendelbewegung ausgenützt. Der Stift am Uebertrager wird gesenkt, wenn der Balancier von rechts nach links geht; bewegt sich dieser aber von links nach rechts, so wird der Stift gehoben und arbeitet nicht mehr. Ebenso ist es am Receptor. Um auf solche Weise nicht die

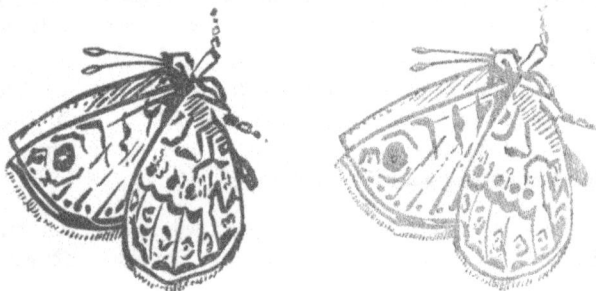

Fig. 56.

Hälfte der Pendelbewegung unbenützt zu lassen, hat Caselli den Apparat verdoppelt und läßt einen zweiten Stift in dem der Bewegung des ersten Stiftes gerade entgegengesetzten Sinne bewegen. Der Telegraph sendet dann gleichzeitig zwei Depeschen ab, ohne daß irgend eine Verwirrung zu besorgen wäre, da, während der eine Stift wirkt, der andere gehoben wird und unbeweglich ist (Fig. 57).

Die eine Seite des telegraphischen Pendels steht mit dem Uebertrager, die andere mit dem Receptor in Verbindung. Beide Apparate sind aber nie gleichzeitig in Thätigkeit, während der eine geht, ist der zum anderen gehörige Arm am Pendel ausgehängt. In der Fig. 55 ist z. B. der zum Uebertrager gehörige Arm in Thätigkeit. Außerdem kann noch durch das Pendel selbst eine Weckerglocke in Gang gesetzt werden, sobald es nöthig sein sollte.

Diese Glocke zeigt auch die Ankunft einer Depesche an und vermittelt die eine solche vorbereitenden und ihr folgenden Zeichen.

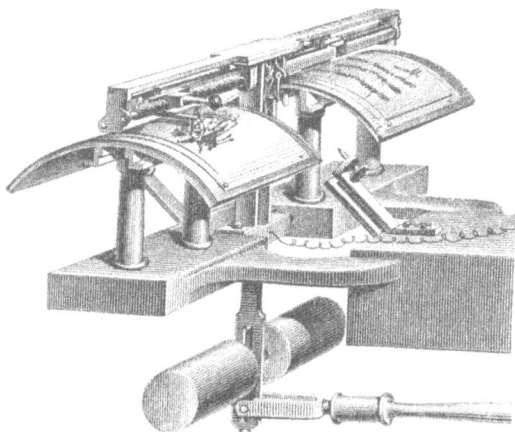

Fig. 57.

Die größte Schwierigkeit, die zu überwinden war, bestand darin, daß die beiden Pendel an der Abgangs= und der Empfangsstation sich genau mit einander bewegen müssen. Die Zeit der Bewegung muß genau dieselbe sein, die Schwingungen müssen gleichzeitig anfangen und auch aufhören; die geringste Nichtübereinstimmung zwischen den Balanciers würde die Depesche vollständig verwirren. Caselli hat diese strenge Coincidenz mittelst eines regulirenden Uhrwerkes erhalten.

Am unteren Theile des Pendelgestelles befindet sich an jeder Seite ein Elektromagnet, der mit einer Localbatterie und dem Uhrwerke in Verbindung steht und die Eisenmasse am telegraphischen Pendel einmal anzieht, dann wieder los=

läßt. In gewissen Momenten geht jedoch der Strom vom Uhrwerke aus in einen der Elektromagnete an der entfernten Station, die Eisenmasse am telegraphischen Pendel bleibt dann gehoben und es findet eine Verzögerung in der Pendelbewegung statt. Jedes telegraphische Pendel hängt also vom regulirenden Uhrwerke der entfernten Station ab; da man aber mit den gegenwärtigen Hilfsmitteln der Uhrmacherkunst diese Uhrwerke ungemein exact herstellen kann, so findet eine genaue Uebereinstimmung zwischen den Pendeln an beiden Stationen statt.

Im Jahre 1862 wurden mit dem Caselli'schen Pantelegraphen acht Monate hindurch Versuche auf den Linien zwischen Paris und Amiens, dann zwischen Paris, Lyon und Marseille angestellt, welche nach den Berichten hierüber sehr befriedigend ausgefallen sein sollen. Er arbeitete mit einer Geschwindigkeit von 15 Worten = 75 Buchstaben in der Minute. Eine ausgedehntere Verwendung hat jedoch dieser Telegraph zur Zeit in der Praxis eben so wenig gefunden als der von Lenoir erfundene Copirtelegraph, welchen vielleicht so manche unserer Leser auf der Pariser Ausstellung im Jahre 1867 in Thätigkeit gesehen haben.

Die telegraphische Leitung.

Die telegraphische Leitung bildet den Schließungskreis der galvanischen Batterie, der Kraftquelle, deren Wirkungen zur Fernschrift benützt werden sollen.

Der Telegraphendraht ist unser steter Begleiter, wenn wir uns der Eisenbahn auf Reisen bedienen; wir müssen ihn dann unwillkürlich zum Gegenstand unserer Betrachtungen machen, und doch dürfte es vielleicht nicht überflüssig sein,

das Augenmerk unserer Leser auf einige Punkte ganz be=
sonders hinzulenken.

Die erste eigentliche Telegraphenleitung wurde im Jahre
1833 von Gauß und Weber in Göttingen von der Stern=
warte nach dem physikalischen Cabinete ausgeführt; sie be=
stand aus zwei neben einander zwischen den beiden End=
punkten geführten Drahtzügen. Steinheil hat das große
Verdienst, daß er uns lehrte, den einen dieser Drähte zu er=
sparen und statt seiner die Erde selbst zu benützen.

Nach dem gegenwärtigen Stande müssen wir in Bezug
auf die Telegraphenleitung drei Arten unterscheiden:

die Luft= oder oberirdische Leitung,

die unter der Erde fortgeführte — unterirdische — und

die unter dem Wasser fortgeführte, die submarine Leitung.

Bei der oberirdischen Leitung werden im Allgemeinen
in gehöriger Entfernung starke Stangen von trockenem Holze
in die Erde eingegraben, an welchen Porcellanglocken befestigt
sind, die zur Aufnahme des Telegraphendrahtes dienen. Da
nach dem Silber das Kupfer der beste Leiter für den gal=
vanischen Strom ist, so hat man anfangs den telegraphischen
Leitungsdraht von Kupfer genommen; gegenwärtig verwendet
man jedoch fast durchweg Eisendraht, dem man eine eben so
große Leitungsfähigkeit wie dem Kupferdrahte ertheilen kann,
wenn man nur den Querschnitt entsprechend größer nimmt.
Der Eisendraht hat nämlich eine viel größere Festigkeit als
der Kupferdraht; während eine Eisenstange von 1 Quadrat=
zoll Querschnitt 60 bis 90 000 Pfund trägt, ist eine eben so
dicke Kupferstange nur im Stande, 40 bis 50 000 Pfd. zu
tragen.

Außerdem betragen die Kosten bei Anwendung von Eisen=
draht blos etwa den dritten Theil von denen eines gleich gut
leitenden Kupferdrahtes, da abgesehen vom höheren Metall=
preise letzterer eben wegen seiner geringeren Festigkeit mehr

Tragstangen erfordert. So belaufen sich die Kosten für eine Meile mit Eisendraht gelegt auf 370 Thaler, mit Kupferdraht gelegt dagegen auf 1230 Thaler.

Um den Eisendraht, der beständig den atmosphärischen Einflüssen ausgesetzt ist, vor Rost zu schützen, hat man denselben in vielen Ländern galvanisirt d. h. mit einem Ueberzug von Zink versehen; früher hatte man den Draht auch mit Oelfarbe oder Firniß angestrichen. Gegenwärtig begnügt man sich meistens damit, denselben nach dem letzten Ausglühen noch heiß in Leinöl einzutauchen, wodurch er sich mit einer mehrere Jahre lang haftenden Oelschichte überzieht.

Die Tragstangen bestehen gewöhnlich aus trockenem Holze, das zum Schutze gegen Fäulniß am unteren Theile schwarz angebrannt oder auch mit einem vor Fäulniß schützenden Stoffe z. B. Kreosot, Zinkchlorid imprägnirt ist.

Da die hölzernen Tragstangen, weil sie so oft erneuert werden müssen, beträchtliche Unterhaltungskosten erfordern, so haben in den letzten Jahren die eisernen Telegraphenstangen, in steinerne Sockel eingelassen, eine immer allgemeinere Verbreitung gefunden. Ihre erste Anschaffung beläuft sich zwar beträchtlich höher als bei den hölzernen Stangen, allein da sie fast gar keine Unterhaltungskosten erfordern, so sind sie am Schlusse doch billiger als letztere. Da gesunde Bäume der Fäulniß nicht unterworfen sind, so hat man vielfach die Alleebäume als Tragstangen benützt, vorzüglich in der Schweiz.

Sobald bei Regenwetter die Tragstangen feucht werden, so sind sie gute Leiter für den galvanischen Strom, und es genügte deshalb nicht, den Telegraphendraht einfach an ihnen zu befestigen, sondern man mußte dieselben viel besser isoliren. Dies geschieht mittelst der Porzellanglocken, die an den Tragstangen befestigt werden. Diese Glocken tragen zweckmäßig in ihrem Innern einen Metallstift (Fig. 58 stellt eine solche

Glocke im Durchſchnitt dar), der unten zu einem Ringe um=
gebogen wird, durch welchen man den Draht führt. Man
hat übrigens den Iſolatorglocken die mannig=
fachſten Formen gegeben, wovon in den
folgenden Fig. 59, 60 und 61 einige der
verbreiteteren dargeſtellt ſind. Trotz dieſer
Glocken iſt die Iſolirung noch immer keine
vollſtändige, und macht ſich die Mangel=
haftigkeit derſelben beſonders bei Regen=
wetter geltend. Während man bei trockener

Fig. 58.

Witterung mit einer Batterie von 100 Daniell'ſchen Elementen
noch auf 120 bis 160 Meilen einen empfindlichen Morſe'ſchen
Farbſchreiber oder ein Relais in Thätigkeit ſetzen kann, iſt
man bei Regen oder Nebel blos im Stande mit der gleichen
Batterie auf einer Linie von 50 bis 60 Meilen zu arbeiten.

Wird nun der Telegraphendraht an den Iſolirglocken
befeſtigt, ſo muß er immer gehörig geſpannt werden, was ver=
mittelſt eigener Drahtwinden (Fig 62) geſchieht. Um den be=
reits gelegten Telegraphendraht beſtändig in der gehörigen
Spannung erhalten zu können, hat man in Frankreich von
Kilometer zu Kilometer mit den Iſolirglocken beſondere Vor=
richtungen (Fig. 63) verbunden, welche jeder Zeit eine Regu=
lirung der Spannung des Drahtes ermöglichen. Von Wichtig=
keit iſt es auch, daß wenn ein Drahtſtück zu Ende geht, die Ver=
bindung mit dem neuen Drahtſtücke mit der größten Sorgfalt
ausgeführt werde. Zu dieſem Behufe müſſen die beiden Draht=
enden feſt über einander gewunden (Fig. 64) und dann noch
verlöthet werden.

Die erſten Verſuche, eine unterirdiſche Telegraphenleitung
herzuſtellen, rühren von Jacobi, dem Erfinder der Gal=
vanoplaſtik, her; durch dieſelben wurde jedoch ebenſo wenig
als durch die bald darauf an anderen Orten angeſtellten Ver=
ſuche ein befriedigendes Reſultat erzielt. Im Jahre 1846

Fig. 59.

Fig. 60.

Fig. 61

begann Siemens den Leitungsdraht durch eine Umhüllung von Guttapercha zu iſoliren; allein es mußte auch hier erſt eine Reihe von Erfahrungen geſammelt werden, bis es ge=

Fig. 62.

lang, die mit der Guttapercha überzogenen Drähte in ſolcher Güte herzuſtellen, daß man an eine definitive unterirdiſche Leitung denken konnte. Gegenwärtig hat man es jedoch in

Fig. 63.

der Fabrikation dieſer Drähte zu der nöthigen Sicherheit ge= bracht, um wenigſtens überall innerhalb der Städte die ober= irdiſchen Leitungen verſchwunden zu ſehen. Der zu dieſen unterirdischen Leitungen verwendete Draht ist Kupferdraht von 8/10 Linien im Durchmesser, der mit einem Guttapercha= überzug von etwa der gleichen Dicke concentrisch umgeben ist.

Für die submarine Leitung verwendet man gleichfalls Kupferdrähte, die ganz besonders gut isolirt sein müssen, und nennt das Ganze dann ein Kabel.

Bereits im Jahre 1849 hat Walker durch eine etwa zwei Meilen lange in das Meer versenkte Leitung telegra= phische Zeichen gegeben; am 28. August 1850 wurde zum ersten Male Dover und Calais von Brett durch eine sub=

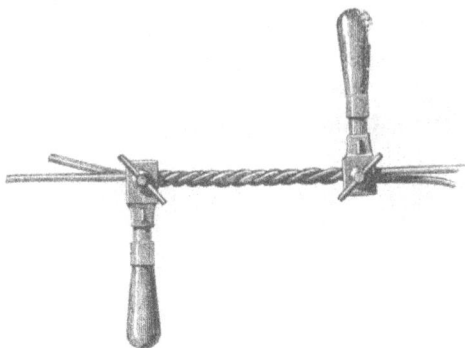

Fig. 64.

marine Leitung telegraphisch verbunden. Obwohl das Kabel schon in wenigen Tagen seinen Dienst versagte, schreckte dies den Unternehmungsgeist doch nicht zurück. Ein dickeres Kabel mit vier Kupferdrähten (Fig. 65) wurde im September 1851 neuerdings gelegt. Jeder Kupferdraht war von einer dop= pelten Guttapercha=Umhüllung umgeben, alle vier so isolirten Drähte wurden mittelst einer Mischung von Hanf, Theer und Talg zu einem Strange zusammengewunden und das Ganze noch durch eine Hülle von zehn Drähten aus gal= vanisirtem Eisen umschlossen.

Seit dieser Zeit wurden an vielen anderen Orten durch Flüsse, Seen und Meere submarine Kabel gelegt und der befriedigende Erfolg hat sogar die großartige Idee ins Leben gerufen, die alte und die neue Welt in telegraphische Verbindung zu setzen.

Den ersten Anstoß hiezu gaben die Gebrüder Field in New York, und es war namentlich der aufopfernden Thätigkeit von Cyrus Field zu verdanken, daß schon im Juli 1856 der amerikanische Continent mit New Foundland durch ein Tiefseekabel glücklich verbunden war. Nachdem dann eine Reihe von Tiefenmessungen ergeben hatte, daß der Meeresboden zwischen New Foundland und Irland ein für die Legung eines Kabels ganz günstiges Terrain darbiete, nachdem ferner

Fig. 65.

im Juni 1857 die Anfertigung des Kabels vollendet war, wurden zwei der größten englischen Schiffe, der Agamemnon und der Niagara, mit den nöthigen Ausrüstungen für die Kabellegung versehen. Am 5. August 1857 begann die Legung selbst; allein am 11. August riß das Kabel, und die Schiffe kehrten unverrichteter Dinge nach Irland zurück. Schon im Juli des darauf folgenden Jahres 1858 war eine zweite Expedition mit denselben Schiffen ausgerüstet, gleichfalls ohne den gewünschten Erfolg. Ein solcher, wenn auch blos auf kurze Zeit, wurde erst durch die dritte Expedition im Jahre 1858 erzielt; am 5. August wurde das erste telegraphische Zeichen über den Ocean gegeben, aber schon am 20. Oktober versagte das Kabel seine Dienste.

Der Muth der Unternehmer war trotzdem nicht vernichtet; im Jahre 1864 schritt man an die Anfertigung eines neuen Kabels, und das Riesenschiff „Great=Eastern" sollte seine Legung besorgen. Nachdem noch einmal bei einer ersten Expedition, die im Jahre 1865 unternommen wurde, die Legung mißlungen war, kam endlich im Jahre 1866 das große Werk glücklich zu Stande; am 4. August dieses Jahres konnte die transatlantische Linie bereits dem allgemeinen Verkehre übergeben werden.

Der Sprechapparat des atlantischen Kabels.

Man hatte schon bei der ersten Kabellegung im Jahre 1857 die Erfahrung gemacht, daß die gewöhnlichen Zeichengeber und Zeichenempfänger nicht mehr ausreichten.

Professor Thomson hatte deshalb bereits am Anfange des Jahres 1858 sein Reflexionsgalvanometer als Zeichenempfänger für den transatlantischen Telegraphen construirt. Demselben liegt das gleiche Princip zu Grunde, das bereits Gauß und Weber beim Göttinger Telegraphen benützt hatten, es ist dies das Princip der Spiegelablesung, das wir bereits Seite 103 ff. näher besprochen haben.

Im Innern eines kreisförmigen Multiplicatorrahmens V (Fig. 66) befindet sich, an einem Coconfaden aufgehängt, ein ganz kleines Magnetstäbchen, das mit einem kreisrunden Glassilberspiegelchen fest verbunden ist. Letzterem gegenüber ist ein Schirm MM aufgestellt, welcher mit einer feinen Spalte versehen ist, durch die eine Lampe F einen Lichtstrahl D auf das Spiegelchen wirft. Dieser Lichtstrahl D wird aber vom Spiegel nach E auf eine Scala reflectirt und dadurch ein bestimmter Punkt derselben erleuchtet.

Geht nun ein Strom durch den Multiplicatordraht, so wird der Magnet sammt dem Spiegelchen gedreht und wir wissen bereits, daß dann der reflectirte Strahl E auf einen anderen Punkt der Scala treffen und denselben erleuchten wird.

Die Bewegungen dieses Lichtzeigers an der Scala sind es, welche beim Telegraphiren durch das Kabel als Zeichen benützt werden, und es ist damit in ähnlicher Weise ein Alphabet zusammengestellt worden, wie durch die Punkte und Striche am Morse'schen Apparate.

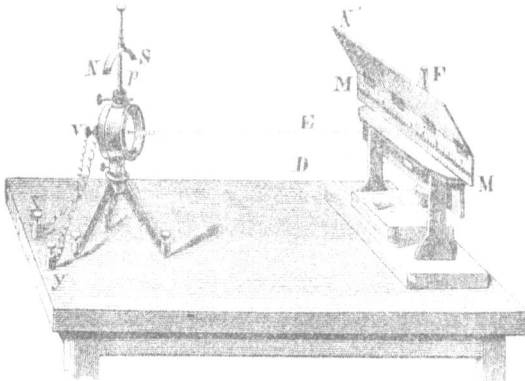

Fig. 66.

Wie ungemein empfindlich ein solches Reflexionsgalvano= meter ist, zeigt der Umstand, daß man mit dem schwachen Strom, den man erhält, wenn man ein Stückchen Zink von ein paar Grammen Gewicht in einen silbernen Fingerhut bringt und etwas verdünnte Schwefelsäure zugießt, durch das atlantische Kabel hindurch noch ganz sichere Zeichen am Thomson'schen Galvanometer zu geben im Stande ist.

Der Haustelegraph.

Wenn wir heutzutage auf Reisen in irgend einem besseren Hotel absteigen, so sind wir der Mühe überhoben, durch starkes Reißen an einem langen Glockenzugseile den Kellner zu rufen; ein leiser Druck an ein kleines Knöpfchen genügt, um nach Belieben den Kellner, das Zimmermädchen oder den Hausknecht sicherer zu uns zu citiren, als dies bei der früheren Einrichtung möglich war.

Was haben wir aber durch das Drücken an dem Knöpfchen gethan? Weiter nichts haben wir ausgeführt, als den Schließungskreis einer galvanischen Batterie geschlossen und damit einen in diesen Schließungskreis eingeschalteten Elektromagneten in Thätigkeit versetzt — wir haben telegraphirt.

Wenn wir diese Art von Telegraphen, die galvanischen Haustelegraphen, in ihrer Einrichtung näher studiren wollen, so müssen wir wieder die am Eingange dieses Abschnittes (Seite 115) gegebenen allgemeinen Betrachtungen im Auge behalten.

Wir haben nämlich auch hier vor Allem eine galvanische Batterie als Krafterzeuger nöthig, in deren Schließungskreis, die Leitung, sowohl der Zeichengeber, der Druckknopf, als der Zeichenempfänger, der Glockenapparat, eingeschaltet sind.

Handelt es sich darum, was meistens der Fall ist, von mehreren Orten (Zimmern) aus nach einem bestimmten Punkte z. B. zum Portier ein Zeichen zu geben, so muß der Letztere außer dem Glockenzeichen noch ein Zeichen erhalten, welches ihm angibt, in welchem Zimmer das Glockenzeichen gegeben worden ist. Dies wird erreicht durch das sogenannte Indicator-Tableau.

Was die für den Haustelegraphen zu verwendende Batterie betrifft, so sind vor Allem die Elemente von

Meidinger und Léclanché zu empfehlen; die Anzahl
derselben richtet sich nach der Größe der Einrichtung d. h.
nach der Länge der Leitung.

Man kann sich auch der Daniell'schen Kette mit Erfolg bedienen, wenn man ihr die verbesserte Einrichtung gibt,
welche von Bérité, einem Uhrmacher zu Bauvais, herrührt.
Derselbe hat nämlich auf das Daniell'sche Element einen
hölzernen Deckel aufgesetzt, welcher in der Mitte mit einem
runden Loche versehen ist. Durch dieses Loch geht der Hals

Fig. 67.

eines Glasballons B (Fig. 67) hindurch, welcher mit Kryftallen
von Kupfervitriol und Wasser gefüllt und mittelst eines Korkes
gut verschloffen ist. Durch den Kork hindurch geht eine Röhre,
welche in die Thonzelle hinabreicht und im Niveau der Kupfervitriollösung, sowie über dem Korke seitlich ein Loch besitzt.
In dem Maße, als die Kupfervitriollösung in der Thonzelle

verzehrt wird, geht in dieselbe eine neue entsprechende Quantität gesättigter Lösung herab.

Das Glockenzeichen wird im Wesentlichen dadurch hergestellt, daß man in die Leitung einen Elektromagneten einschaltet, dessen Anker eine Verlängerung mit einem kleinen Hämmerchen trägt, vor welchem eine Glocke aufgestellt ist. Circulirt der Strom, so wird der Anker des Elektromagneten angezogen und damit gleichzeitig das Hämmerchen an die Glocke angeschlagen; hört der Strom auf, so geht der Anker in seine ursprüngliche Lage zurück.

Dies wäre das Princip, wie durch den galvanischen Strom ein Glockensignal zu Stande gebracht werden kann; wir wollen an ein paar der verbreitetsten Apparate zeigen, wie dasselbe bei den Haustelegraphen praktisch verwerthet wird.

Glocke mit einfachem Schlage. Die einfachste derartige Vorrichtung ist der Glockenapparat, womit man beim Schließen des Stromes einen einzigen Schlag erhält. Derselbe besteht (Fig. 68) aus einem doppelten Elektromagneten, vor dem sich der eiserne Anker A mit dem Hämmerchen m, welches an die daneben befestigte Glocke anschlagen soll, befindet. Sobald der Strom den Elektromagneten E E durchläuft, wird der Anker A angezogen und das mit ihm fest verbundene Hämmerchen m an die Glocke angeschlagen. Hört der Strom auf, den Draht des Elektromagneten zu durchlaufen, so zieht die Feder, an der sich der Anker A befindet, denselben und damit zugleich den Hammer in seine ursprüngliche Lage zurück. Man kann nun durch ein weiteres Schließen des Stromes das Experiment wiederholen und so beliebig oft den Hammer an die Glocke anschlagen lassen. Hinter dem Hammer befindet sich ein kleiner Ständer mit einer Schraube b, durch welche die Größe der Bewegung des Ankers A nach Belieben geändert werden kann.

Glocke mit Selbstunterbrechung. So einfach der eben beschriebene Apparat ist, so verwendet man doch gegenwärtig meistens den Glockenapparat mit Selbstunterbrechung (Sonnerie trembleuse).

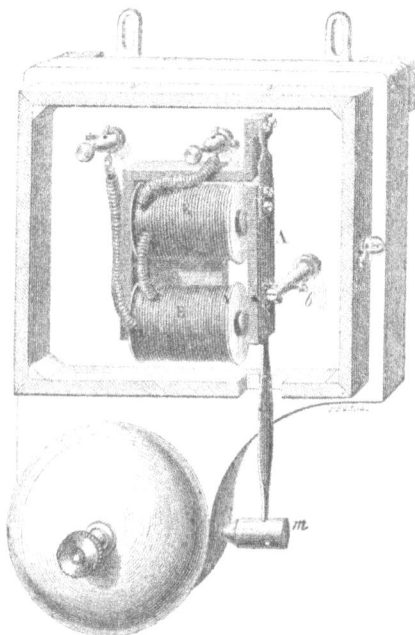

Fig. 68.

Um die Wirkung desselben zu verstehen, müssen wir vor Allem den Weg, welchen der galvanische Strom beim Hindurchsenden durchläuft, genau verfolgen.

Der Strom tritt bei der Klemmschraube C (Fig. 69) in den Apparat ein, geht durch den Kupferstreifen C D und von hier durch den Draht des Elektromagneten E, von welchem aus er nach F geführt wird; von da fließt er durch den Anker A zur Feder R und nun durch den Kupferstreifen IZ zur Klemme Z, welche ihn zur Batterie zurückleitet.

Sobald der Schließungskreis außerhalb des Apparates geschlossen wird, wird der Anker A durch den Elektromagneten E angezogen und der Contact der Feder bei R hört auf stattzuhaben, der Strom wird unterbrochen. Der Elektromagnet zieht also dann den Anker nicht mehr an, dieser fällt zurück und schließt den Strom von Neuem; dadurch wird der Anker wieder angezogen 2c.

Fig. 69.

Da diese Wirkungen sehr rasch auf einander folgen, so nimmt der Anker eine förmliche Oscillationsbewegung an, welche so lange fortdauert, als der Schließungskreis außerhalb des Glockenapparates geschlossen bleibt. Bei jedem An-

ziehen des Ankers schlägt aber der mit diesem verbundene
Hammer m gegen die Glocke, und es wird auf diese Weise
ein sehr intensives Geräusch erzeugt.

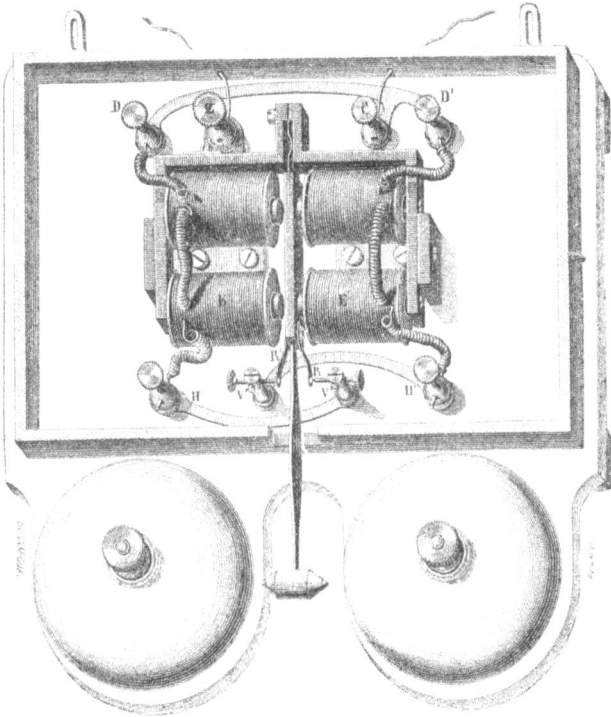

Fig. 70.

Breguet hat einen Apparat mit Selbstunterbrechung
von doppelter Wirkung construirt, welchen Fig. 70 darstellt.
Der Strom tritt durch die Klemmschraube C in den Apparat
ein, geht durch die Streifen C D und C D' zu den Drähten
der beiden Elektromagnete E und E', sodann durch die

Streifen H V und H' V' in die Federn R und R', von da
zum Anker A, von welchem aus er in den metallischen Rahmen
der Elektromagnete übertritt, um von hier durch die Klemm=
schraube Z zur Batterie zurückzukehren. Sowie der Apparat
zu functioniren beginnt, wird der eine der Elektromagnete E
etwas stärker magnetisch als der andere, er zieht den Anker
A an und unterbricht den Strom bei R. Der Strom geht
dann blos durch den Elektromagneten E', und es wird da=
durch der Anker lebhaft von diesem angezogen; dadurch wird
der Strom bei R' unterbrochen, bei R geschlossen, es hat eine
neue Anziehung durch den Elektromagneten E statt ꝛc.

Bei jeder dieser Bewegungen wird der Hammer an eine
der beiden Glocken angeschlagen, was bei der großen Schnellig=
keit, womit die Bewegungen auf einander folgen, ein sehr
intensives Geräusch verursacht.

Man sieht sogleich ein, daß bei dem oben beschriebenen
Apparate mit nur einer Glocke der Strom abwechselnd ge=
schlossen und wieder unterbrochen wurde, während er im eben
betrachteten Apparate nie völlig unterbrochen ist, sondern
blos vom einen zum andern Elektromagneten geht oder durch
beide zugleich.

Man könnte diesen Apparat zweckmäßig noch dahin ab=
ändern, daß man den Hammer im Innern einer einzigen
Glocke anbrächte, so daß er beim Hin= und Hergehen an
zwei entgegengesetzte Seiten der Glocke anschlägt.

Der Signalgeber. Um nun einen der beschriebenen
Glockenapparate in Thätigkeit setzen zu können, schaltet man
in den Schließungskreis der Batterie noch den Signalgeber
ein, welcher, da man ihm häufig die Form eines Knopfes
gibt, auch der Druckknopf genannt werden kann. Derselbe
ist eine einfache Vorrichtung, vermittelst welcher der Strom
nach Belieben geschlossen und geöffnet werden kann; wir wollen
verschiedene Ausführungen davon näher betrachten.

Die gebräuchlichste Form ist die eines runden Knopfes, welcher an die Wand angeschraubt wird; Fig. 71 gibt den Durchschnitt eines solchen Druckknopfes und damit die innere Einrichtung desselben. Mit den Schrauben a und b sind die Zuleitungsdrähte verbunden. Mit der Schraube a steht ferner eine Spiralfeder n, mit der Schraube b ein ebener

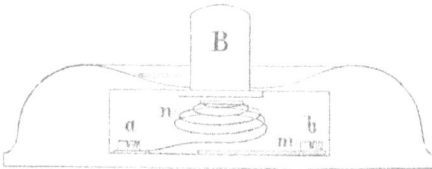

Fig. 71.

Metallstreifen m in Verbindung. Wird nun mittelst des Elfenbeinknopfes B die in eine Platte endigende Feder n an den Streifen m angedrückt, so ist der Strom geschlossen. Hört der Druck auf den Knopf B auf, so führt die Feder n denselben in seine ursprüngliche Lage zurück und der Schließungskreis wird also durch den Apparat selbst wieder unterbrochen.

Will man den Signalgeber nicht an die Wand befestigt haben, so kann man ihn aufhängen, wie dies Fig. 72 zeigt. In einem seidenen Glockenzugseile gehen die Zuleitungsdrähte zu dem birnförmigen Druckknopfe herab, dessen innere Einrichtung ganz der soeben beschriebenen gleich ist. Drückt man an das unten befindliche Knöpfchen, so wird der Stromkreis geschlossen; sowie der Druck aufhört, öffnet die im Innern befindliche zurückgehende Feder den Strom von selbst wieder.

Fig. 72.

Handelt es sich darum, von einem Punkte aus nach mehreren Orten hin Signale zu geben, so kann man die

Druckknöpfe zu einem Ganzen vereinigen, wie dies aus Fig. 73 und 74 ersichtlich ist. Die erstere Einrichtung wird an die Wand geschraubt, die letztere, welche wieder im Innern des Glockenzugseiles die Zuleitungsdrähte enthält, wird aufgehängt.

Es ist noch eine Form des Signalgebers zu erwähnen, welche Fig. 75 darstellt und die an Hausthüren angebracht wird. Bei dieser Einrichtung wird durch Anziehen des in der Figur sichtbaren Henkels der Strom geschlossen. Das Ganze ist hinreichend massiv, um vor Zerstörungen gesichert zu sein.

Die Leitung. Die Drähte, welche bei den Haus= telegraphen zur Leitung angewendet worden, sind mit Wolle oder Seide übersponnene Kupferdrähte. In ganz trockenen Localitäten reicht es uns, diese Drähte noch mit einer iso= lirenden Schicht von Firniß oder Wachs zu überziehen; in allen feuchteren Localen, sowie durch die Mauern hindurch nimmt man mit Asphalt oder noch besser mit Guttapercha isolirte Kupferdrähte. Wo mehrere Drähte neben einander laufen, ist es zweckmäßig, den Ueberzug von verschiedener Farbe zu wählen, um ein Verwechseln der Drähte zu ver= meiden.

Was das Legen der Drähte betrifft, so kann man sie an denjenigen Orten, wo sich Tafelwerk befindet, leicht mit Stiften an diesen befestigen. Man kann dieselben auch über beinerne Knöpfchen, welche zugleich isoliren, wegführen, was beim Fortleiten an den Mauern immer zu empfehlen ist. Die Drähte sollen ferner so gelegt sein, daß ein Zerreißen derselben möglichst verhindert wird; dann so, daß sie so viel als möglich verdeckt werden können, was sich namentlich bei neuen Gebäuden immer leicht einrichten läßt.

Das Indicator=Tableau. Wenn man von mehreren Punkten aus nach einem Orte hin Signale geben will, so muß, wie wir bereits oben erwähnt haben, eine an letzterem

Fig. 73.

Fig 74.

Fig. 75.

Orte befindliche Person zugleich ein Zeichen erhalten, aus
dem zu ersehen ist, an welchem Punkte das Signal gegeben
wurde. Man numerirt zu diesem Zwecke diese Punkte (Zimmer)
und läßt durch eine eigene Vorrichtung — den Indicator —
an demjenigen Orte, an welchem sich der Glockenapparat befindet, die Nummer zugleich mit dem Glockensignale zum Vor-
schein kommen.

Ein solcher Indicator ist durch Fig. 76 dargestellt; der
Elektromagnet desselben wird in den Schließungskreis des
entsprechenden Zimmers eingeschaltet. Sobald nun der Strom
den Elektromagnetdraht durchläuft, wird der Anker angezogen;

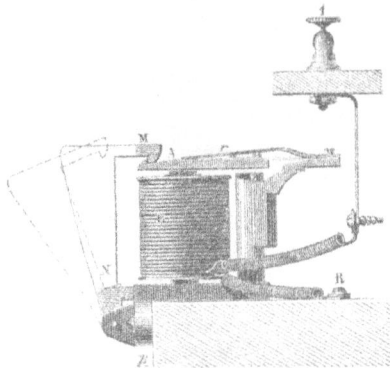

Fig. 76.

dadurch wird der Hebel MN losgelassen und fällt durch sein
eigenes Gewicht in die von den punktirten Linien angezeigte
Stellung herab. Man schließt den Indicator in ein Kästchen
ein, welches einen Schlitz besitzt, aus dem dann der Hebel MN
herausfällt und so sichtbar wird.

Hat man mehrere solche Indicatoren, so verbindet man
dieselben zu einem gemeinschaftlichen Tableau, wie dies Fig. 77

zeigt. Unter den vorfallenden Hebeln (MN) befinden sich die Nummern der entsprechenden Zimmer, und man hat nur immer die herausgefallenen Hebel mit der Hand wieder zurückzuschieben, wenn der Apparat von Neuem in Thätigkeit versetzt werden soll.

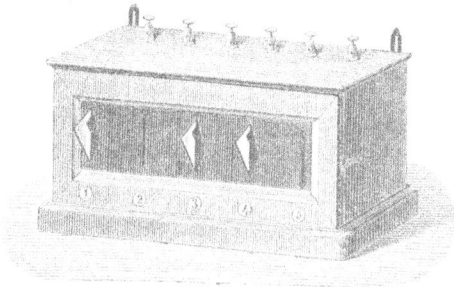

Fig. 77.

In der neuesten Zeit hat man die Einrichtung des Indi=catortableau's vielfach abgeändert. Sehr zweckentsprechend ist die Einrichtung, bei welcher das ganze Tableau mit einer geschwärzten Glasplatte geschlossen ist, auf welcher so viele Stellen nicht geschwärzt sind, als das Tableau Nummern an=zeigt. Wird der Strom geschlossen, so läßt eine ganz ähnliche Vorrichtung, wie die beschriebene, ein weißes Plättchen, auf welchem die betreffende Nummer steht, hinter der zugehörigen freien Stelle des schwarzen Glases herabfallen, so daß man zugleich mit dem Glockenschlage plötzlich die zugehörige Nummer auf dem Tableau wahrnimmt. Mittelst eines außerhalb des Tableaukastens befindlichen Knopfes kann die Nummer wieder zurückgezogen (eingehängt) werden.

Dies wären die wesentlichen Bestandtheile, welche zu einer telegraphischen Glockeneinrichtung erforderlich sind; wir wollen noch an ein paar Beispielen zeigen, wie man die Verbindung dieser verschiedenen Theile bewerkstelligt.

Sollen von einem Punkte (Zimmer) aus nach mehreren
Orten hin Signale gegeben werden, so hängt man an jedem der
letzteren Orte eine Glocke auf, während die beiden Druckknöpfe
am ersten Punkte befestigt werden. Die Batterie kann man
an einem beliebigen Orte, wo sie nicht belästigt, aufstellen,
nur darf die Temperatur desselben nie unter den Gefrierpunkt
herabsinken. Die Legung der Drähte geschieht nach dem in
Fig. 78 gegebenen Schema in der Weise, daß, wenn man auf
einen der Druckknöpfe drückt, der Batteriestrom für die zugehörige Glocke geschlossen wird, während er für die andere
Glocke offen bleibt.

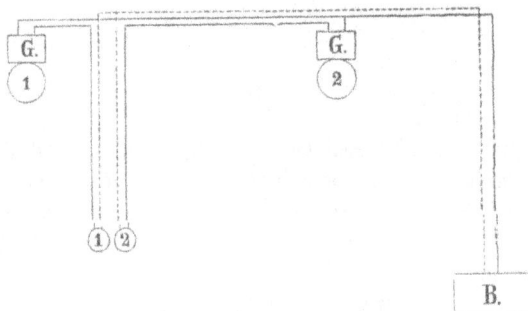

Fig. 78.

Will man, ohne ein Indicatortableau anzuwenden, von
ein paar Punkten aus nach einem anderen entfernten Orte
hin Signale geben, so kann man sich des in Fig. 79 gegebenen
Schemas bei der Legung bedienen. Es wäre nur zu bemerken, daß die bei der Glocke befindliche Person die von
beiden Zimmern 1 und 2 gegebenen Signale daran erkennen
kann, daß nach einer Vereinbarung die Person im Zimmer
Nr. 1 blos ein Signal, die Person im Zimmer Nr. 2 dagegen zwei Signale gibt d. h. zweimal den Druckknopf nieder-

drückt. Es lassen sich übrigens in dieser Hinsicht die mannig=
faltigsten Zeichen vereinbaren.

Will man aber ein Indicatortableau für diesen Fall
in Anwendung bringen, so kann man die Legung nach dem

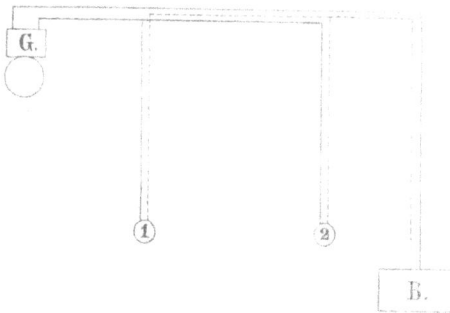

Fig. 79.

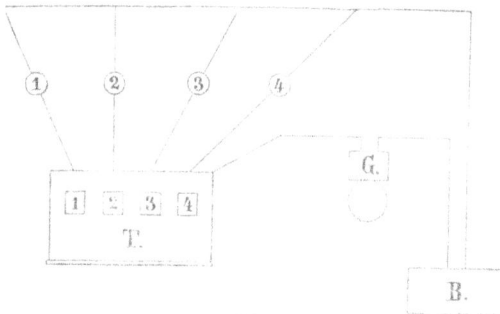

Fig. 80.

Schema Fig. 80 ausführen. Drückt man nun z. B. den
Druckknopf im Zimmer Nr. 3, so wird der Schließungskreis
nicht blos für die Glocke G, sondern auch zugleich für den

Carl, die elektrischen Naturkräfte. 12

Elektromagneten Nr. 3 im Tableau geschlossen: die Glocke gibt das Signal und die Nummer 3 fällt im Tableau herab. Das Gleiche gilt für jede der anderen Nummern. Es kann hier aber der Fall vorkommen, daß gleichzeitig die Druckknöpfe in mehreren Zimmern niedergedrückt werden. Der Batterie= strom geht sodann durch mehrere Zweige seiner Leitung zu= gleich, und man hat nur Sorge dafür zu tragen, daß auch in

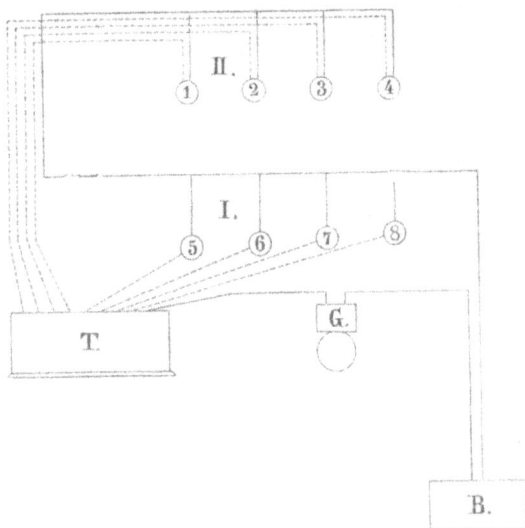

Fig. 81.

diesem Falle die Batterie stark genug sei, um nicht blos den Elek= tromagneten an der Glocke, sondern auch noch die Elektromagnete im Tableau hinreichend stark magnetisch zu machen, so daß sie den zugehörigen Mechanismus in Wirksamkeit versetzen können.

Es ist nun leicht, die vollständige Einrichtung eines Hotel= telegraphen (Fig. 81) auch für den Fall zu verstehen, wenn die Zimmer in mehrere Stockwerke vertheilt sind.

Man sieht, daß eine solche Einrichtung nicht blos in öffentlichen Gebäuden, Hotels und größeren Fabriken, sondern auch in kleineren Etablissements mit Vortheil angewendet werden kann. Die galvanischen Glockensignale besitzen nicht die Mißstände der mechanischen Glockenzüge, sie stehen im Preise niedriger und es ist vor Allem hervorzuheben, daß, vorausgesetzt daß die Batterie in Ordnung gehalten wird, was übrigens gar keine besondere Mühe erfordert, und keine muthwillige Verletzung der Apparate vorkommt, daß dann die durch dieselben erreichte Sicherheit eine unfehlbare zu nennen ist.

In ausgedehnteren Etablissements ist es häufig erwünscht, wenn man nach gewissen Orten hin nicht blos Glockensignale geben, sondern eine vollständige telegraphische Correspondenz führen kann. Breguet hat zu diesem Behufe seinem Zeiger-apparate, den wir oben (Seite 118 ff.) beschrieben haben, eine ungemein compendiöse Form gegeben. In einem Maha-gonykästchen von kaum einem Cubikfuß Größe befinden sich der Manipulator, der Receptor und eine Weckerglocke mit Selbstunterbrechung. Man kann das Ganze leicht auf einem gewöhnlichen Schreibtische aufstellen, ohne daß der Platz be-einträchtigt wird. Ein solcher Apparat wird nun an jedem der beiden Orte, zwischen welchen correspondirt werden soll, aufgestellt. Für gewöhnlich sind die beiden Kästchen geschlossen. Oeffnet man aber an der einen Station das Kästchen und rückt man den Manipulatorhebel um ein Zeichen vorwärts, so wird dadurch die Weckerglocke in dem noch geschlossenen Kasten an der anderen Station in Thätigkeit versetzt. Oeffnet man auch hier den Kasten, so können die Depeschen ganz in der gleichen Weise hin und her versendet werden wie mit dem großen Breguet'schen Apparate.

Das Telegraphiren der Wärme.

In der neuesten Zeit hat man eine ungemein sinnreiche Anwendung vom Haustelegraphen gemacht; man hat ihn dazu benützt, daß die Temperatur eines Zimmers selbst in die Ferne hin signalisirt, daß sie einen normalen Stand überschritten habe. In einem Gewächshause z. B. soll die Temperatur nicht unter eine bestimmte Anzahl von Thermometergraden herabsinken und eben so wenig eine gewisse Anzahl von Graden überschreiten. Hat dies dennoch statt, so wird durch die bezeichnete Einrichtung eine Glocke mit Selbstunterbrechung in

Fig. 82.

dem Momente in Thätigkeit versetzt, in welchem die Temperatur zu hoch oder zu niedrig geworden ist, und der Heizer ist im Stande, dieselbe wieder auf die normale Höhe zurückzuführen.

Um diese Einrichtung zu verstehen, müssen wir uns an die verschiedene Ausdehnung erinnern, welche die einzelnen Körper durch die Wärme erfahren*).

Nimmt man einen Metallstreifen, welcher aus zwei Streifen verschiedener Metalle (z. B. aus Kupfer und Eisen) zusammengesetzt ist, und erwärmt (Fig. 82) diesen, so krümmt

*) Siehe Cazin, Die Wärme S. 168.

er sich und das Metall, welches die stärkere Ausdehnung besitzt (das Kupfer), bildet die convexe Seite. Läßt man dann
den Streifen erkalten, so wird er wieder gerade; setzt man
ihn einem starken Froste aus, so krümmt er sich nach der
entgegengesetzten Seite.

Stellen wir nun einen solchen doppelten Metallstreifen in
einem Zimmer so auf, daß das eine Ende desselben feststeht, so bewegt sich bei jeder Temperaturänderung das andere Ende hin
und her und man kann das Ganze als Thermometer benützen.

Will man ein solches Thermometer zum telegraphischen
Signalisiren der Temperatur gebrauchen, so genügt es, dasselbe in den Schließungskreis einer galvanischen Batterie, in
welchem sich eine Glocke befindet, einzuschalten. Das eine
Ende des Schließungsdrahtes wird an dem festen Ende
unseres Metallthermometers befestigt, das andere Drahtende
wird an die Stelle gebracht, an welcher das freie Ende des
thermometrischen Metallstreifens bei einer bestimmten Temperatur ankommt. Hat dieses Ankommen wirklich statt, so
wird eine metallische Verbindung zwischen den beiden Enden
des offenen Schließungkreises der Batterie hergestellt und die
iu diesen eingeschaltete, an einem entfernten Orte gelegene
Glocke wird so lange in Thätigkeit versetzt, als die Temperatur
diejenige Höhe hat, an welcher das eine Drahtende in den
Weg des Thermometerstreifens gestellt wurde.

Diese Einrichtung hat sich nun in der Praxis vollständig
bewährt und ist für Gewächshäuser, Schulgebäude, Hotels
und überhaupt größere Gebäude zu empfehlen, besonders
wenn sie eine gemeinsame Heizung — Luft- oder Dampf-
heizung — besitzen.

Wie beim Haustelegraphen die Druckknöpfe in den einzelnen Zimmern angebracht wurden, wird hier in jedem
Zimmer ein Metallthermometer aufgehängt. Zwei verschiebbare Knöpfe können beliebig an verschiedenen Punkten fest-

gestellt werden, welche die höchste und die niedrigste Temperatur bezeichnen, die nicht überschritten werden sollen. Hat ein Ueber= schreiten der einen oder andern dieser Grenzen dennoch statt, so legt sich der Metallstreifen des Thermometers an den Knopf, schließt den Strom und eine beim Heizer befindliche Glocke mit Selbstunterbrechung zeigt demselben an, in welcher Weise er die Wärme zu reguliren habe. Sind mehrere Zimmer in dieser Weise zu reguliren, so wird ein Indicatortableau ebenso wie beim Haustelegraphen eingeschaltet.

Das Telephon.

Im Jahre 1837 machte der amerikanische Professor Page die Entdeckung, daß ein musikalischer Ton entsteht, wenn man die Pole eines starken Magneten einer Draht= spirale, welche von einem galvanischen Strome durchflossen wird, nähert und in dieser den Strom abwechselnd unterbricht und wieder schließt. Später wurde das galvanische Tönen des Eisens von Marrian, de la Rive, Wertheim und Buff weiter studirt.

Umgibt man einen Eisenstab mit einer Drahtspirale und läßt durch diese einen starken galvanischen Strom hindurch= gehen, so entsteht bei jedem Schließen und Unterbrechen des Stromkreises ein knarrendes Geräusch. Hat der Eisenstab dabei nur eine geringe Dicke, so nimmt man außer diesem Geräusche noch einen ganz bestimmten Ton wahr. Drähte von Blei, Zinn, Zink, Kupfer, Silber, Platin geben nach den Versuchen von Wertheim keinen Ton.

Diese an dem Eisen beobachtete Thatsache hat nun Reis im Jahre 1861 benützt, um einen Apparat herzustellen, welcher die Töne der menschlichen Stimme oder einer Orgelpfeife in die Ferne gleichsam telegraphirt, und den er Telephon genannt hat.

Der Apparat besteht aus einem Tonangeber — ent=
sprechend dem Manipulator — und dem Tonwiedergeber,
welcher die Rolle des Receptors beim Telegraphen vertritt.

Der Tonangeber ist im Wesentlichen eine thierische Mem=
bran, welche in der Mitte ein Platinplättchen trägt. Wird die
Membran in Schwingungen versetzt, so wird durch das Hin=
und Hergehen derselben das Platinplättchen dazu benützt, den
Schließungskreis eines galvanischen Stromes sehr rasch nach
einander zu öffnen und zu schließen. In diesen Schließungs=
kreis ist in größerer Entfernung der Tonwiedergeber einge=
schaltet. Derselbe besteht aus einem Resonanzboden, auf dem
eine dünne Stricknadel aufgesetzt ist. Um die Nadel herum
gehen die Spiralwindungen eines übersponnenen Kupfer=
drahtes, welcher einen Theil des Schließungskreises der
Batterie bildet.

Wird nun die Membran durch Ansprechen eines kräftigen
Tones oder noch besser durch Anblasen mit einer Orgelpfeife
in Schwingungen versetzt, so entsteht durch das von ihr bewirkte
Oeffnen und Schließen des Stromes in der entfernten eisernen
Stricknadel neben dem oben bezeichneten knarrenden Geräusche
ein ganz deutlich wahrnehmbarer Ton, und zwar konnte Reis
auf eine Entfernung von 300 Fuß alle Töne von F bis $\overline{\overline{f}}$
auf solche Weise reproduciren.

Vor einigen Jahren hat der amerikanische Physiker Bell
einen weit vollkommeneren Apparat construirt, welcher es
ermöglicht, auf sehr große Distanzen die menschliche Stimme
fortzupflanzen. Bei demselben ist der Zeichengeber · und der
Zeichenempfänger ganz gleich construirt. Jeder dieser Apparate
(Fig. 83) besteht nämlich aus einem geraden Magnetstabe N S,
dessen einer Pol mit einer kleinen Drahtrolle J umwunden ist;
vor diesem Pole ist ein dünnes Eisenblech B angebracht.
Ein solcher Apparat wird nun sowohl an der Abgangsstation
als an der Empfangsstation aufgestellt und die erwähnten

Drahtrollen in die telegraphische Leitung mittelst der Klemm=
schrauben K,K' eingeschaltet. An der Abgangsstation spricht
eine Person gegen das Eisenblech, während an der Empfangs=
station der Beobachter dieses Eisenblech dicht an das Ohr
hält.

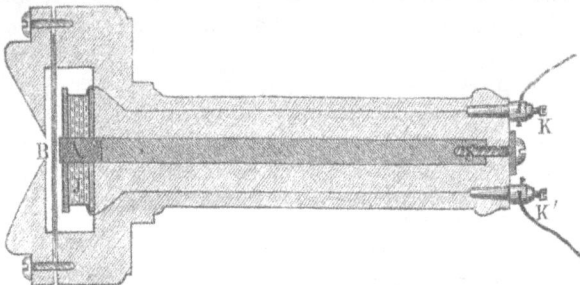

Fig. 83.

Wird nun ein Ton gegen das erste Eisenblech gesprochen,
so wird dasselbe wie ein Trommelfell in schwingende Be=
wegungen versetzt und dadurch bei jeder Schwingung dem
Magnetpole genähert und wieder davon entfernt. Durch jede
Annäherung und Entfernung wird aber der Magnetismus
des Poles verändert und dadurch, wie wir im nächsten Capitel
sehen werden, in der denselben umgebenden Drahtrolle ein
Inductionsstrom hervorgerufen. Diese Inductionsströme gehen
dann auch durch die Drahtspirale, die um den Magnetpol an
der Empfangsstation gewunden ist, verstärken und schwächen
abwechselnd den Magnetismus desselben, wodurch die vor=
stehende Eisenplatte gleichfalls in schwingende Bewegungen
versetzt wird, welche dem davor befindlichen Ohre als Ton
wahrnehmbar sind.

Da nun die schwingenden Bewegungen der beiden Eisen=
platten genau die gleichen sind, so wird man an der Empfangs=

station denselben Ton hören, welcher an der Abgangsstation
angesprochen wurde.

In der That lassen sich mit dem Bell'schen Telephon
alle Laute der menschlichen Stimme auf sehr große Distanzen
(500 Kilometer und darüber) fortpflanzen; man kann sogar die
einzelnen Stimmen deutlich von einander unterscheiden. Ein
Umstand tritt jedoch im Augenblicke noch der weiteren Ver=
breitung dieses äußerst sinnreichen Apparates hindernd ent=
gegen, und zwar besteht derselbe darin, daß das geringste
Nebengeräusch an der Empfangsstation ein deutliches Wahr=
nehmen der ankommenden Depesche unmöglich macht, so daß
wir es — wie Siemens ganz richtig bemerkt — zur Zeit
noch mit Horchapparaten und nicht mit einem Hörapparate
zu thun haben. Sollte dieser Mißstand, woran keineswegs
zu zweifeln ist, noch beseitigt werden, so wird das Telephon
gewiß eine ungemein vielseitige Verwendung finden.

6. Inductionsströme und Inductionsapparate.

Nachdem Oersted in Kopenhagen seine denkwürdigen
Versuche gemacht hatte, womit er die Ablenkung der Magnet=
nadel durch den galvanischen Strom entdeckte, unternahm es
Ampère, die gegenseitigen Einwirkungen von elektrischen
Strömen und Magneten näher zu studiren.

Die vereinzelte Thatsache, welche der dänische Physiker
aufgefunden hatte, genügte Ampère, um zahlreiche Folge=
rungen daraus zu ziehen; sechs Monate reichten für ihn hin,
um die Grundlage zur Lehre vom Elektromagnetismus fest=
zulegen und so eine reiche Ausbeute für die Telegraphie und
viele andere Anwendungen des galvanischen Stromes zu er=

möglichen. Gestützt auf seine theoretischen Anschauungen ahnte
Ampère die Induction; allein die nach dieser Richtung hin
von ihm angestellten Versuche führten nicht zum Ziele, und er
mußte den Ruhm dieser Entdeckung dem großen englischen
Forscher Faraday überlassen, der im Jahre 1832 die Be=
obachtung machte, daß wenn man dem Schließungskreise einer
Batterie rasch einen anderen geschlossenen Leiter, der von keinem
Strome durchflossen wird, nähert, in letzterem ein momentaner
galvanischer Strom circulirt. Bei dieser ersten Beobachtung
blieb jedoch ein Forscher wie Faraday nicht stehen; er setzte
vielmehr seine Studien fort, bis es ihm gelang, auch die
übrigen Fundamentalerscheinungen aufzufinden.

Entfernt man den vom Strome durchflossenen Schließungs=
kreis vom anderen Drahtkreise, so zeigt sich dieselbe Erscheinung;
bleiben dagegen beide Drähte in dem gleichen Abstande von
einander, so wird kein Strom erzeugt. Eine merkwürdige
Wahrnehmung war auch noch die, daß, wenn Faraday
anstatt des vom Strome durchflossenen Drahtes — wir wollen
ihn den Hauptdraht nennen — dem anderen, der analog
der Nebendraht heißen möge, einen Magnetpol näherte
oder davon entfernte, daß er dann wieder einen momentanen
Strom im Nebendrahte erhielt.

Man kann also blos durch einfache mechanische Bewegung
eines vom galvanischen Strome durchflossenen Drahtes oder
eines Magneten einen inducirten Strom hervorrufen, der, wenn
er auch blos von ungemein kurzer Dauer ist, doch unter Um=
ständen sehr kräftig werden kann. Schon Ampère hat deshalb
die Magnete den Strömen gleichgestellt und angenommen, daß
die Magnete eben Körper seien, welche beständig von galvanischen
Strömen umflossen werden.

Wenn wir auch hier nicht näher untersuchen wollen, in
wie weit die Ampère'sche Ansicht mit der Wirklichkeit über=
einstimmt, so viel ist jedenfalls als höchst wahrscheinlich an=

zunehmen, daß Magnetismus, Elektricität und der galvanische Strom blos als verschiedene Aeußerungen einer gemeinsamen Kraftquelle angesehen werden müssen. Wir wollen uns übrigens nicht weiter auf das Gebiet der Hypothese wagen! Folgerungen ziehen ist weit leichter, als dieselben durch die experimentelle Thatsache Schritt für Schritt zu beweisen. Bleibt es doch immer die erste Aufgabe physikalischer Forschung, der Natur ihre Geheimnisse auf dem Wege der Induction — der Er= fahrung — abzulocken.

Um einen inducirten Strom mit Sicherheit zu erhalten, stellt man sich sogenannte Inductionsrollen her. Man nimmt eine hohle Rolle von Holz und windet auf dieselbe eine große Länge eines mit Seide gut isolirten Kupferdrathes auf. Ueber diese Rolle paßt man eine zweite, auf welche noch eine größere Länge eines ganz feinen, wiederum gut mit Seide besponnenen Kupferdrahtes aufgewunden ist.

Die erste, kleinere Rolle verbinden wir mit einer gal= vanischen Batterie (Fig. 84); wir wollen sie die Hauptspirale nennen. Die zweite Rolle, die wir entsprechend die Nebenspirale heißen wollen, verbinden wir mit einem empfindlichen Multi= plicator.

Stecken wir die beiden Rollen in einander und schließen jetzt erst den Strom der Hauptspirale, so zeigt in demselben Momente die Multiplicatornadel einen Strom an, kehrt aber nach wenigen Schwingungen in ihre Ruhelage zurück. Ganz ebenso beobachten wir eine Ablenkung der Multiplicatornadel in dem Momente, wo wir den Strom der Hauptspirale unter= brechen. Wurde die Nadel beim Schließen des Stromes nach rechts abgelenkt, so hat dagegen beim Oeffnen des Stromes eine Ablenkung der Nadel nach links statt; wir haben also Ströme von unendlich kurzer Dauer und von e n t g e g e n=

gesetzter Richtung. Untersuchen wir mit Zuhilfenahme der
Ampère'schen Regel, die wir S. 91 kennen gelernt haben,
die Richtung, in welcher der inducirte Strom die Nebenspirale
durchfließt, so finden wir, daß in dem Momente, in welchem
wir den Batteriestrom der Hauptspirale schließen, in der
Nebenspirale ein Strom von entgegengesetzter Richtung inducirt
wird. Oeffnen wir dagegen den Strom in der Hauptspirale,
so durchfließt die Nebenspirale ein inducirter Strom von der
gleichen Richtung, wie sie der Hauptstrom besitzt.

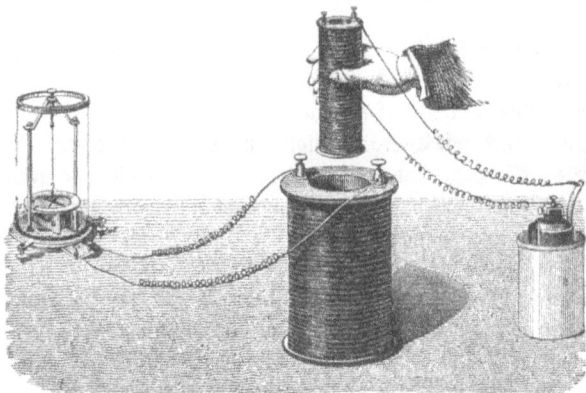

Fig. 84.

Schalten wir jetzt die Hauptspirale fest in die Batterie
ein und stecken wir sie rasch in die Nebenspirale, so beobachten
wir am Multiplicator einen inducirten Strom von entgegengesetzter Richtung. Ziehen wir die Hauptspirale rasch aus
der Nebenspirale heraus, so zeigt uns die Multiplicatornadel
einen gleich gerichteten Strom an.

Ein Annähern des Hauptdrahtes entspricht also dem
Schließen der Batterie d. h. dem Entstehen des Haupt=

stromes — wir haben einen inducirten Strom von entgegen=
gesetzter Richtung.

Ebenso kommt ein Entfernen der Hauptspirale dem
Oeffnen der Batterie und damit dem Verschwinden des
Hauptstromes gleich: der inducirte Strom hat die gleiche
Richtung wie der Hauptstrom.

Die betrachteten Inductionsströme werden beträchtlich
verstärkt, wenn wir im Innern der Hauptspirale, wie dies
die Figur zeigt, einen hohlen Raum lassen und denselben mit
einem Bündel dünner, gut ausgeglühter Eisendrähte ausfüllen.

Nehmen wir nun die größere
unserer Inductionsspiralen, die
Nebenspirale, und verbinden wir sie
wieder mit einem empfindlichen Multi=
plicator, so zeigt uns die Nadel des=
selben einen Inductionsstrom an
(Fig. 85), sobald wir einen Magnet=
pol in die Drahtrolle bringen; ent=
fernen wir den Magnetpol, so erfährt
die Multiplicatornadel gleichfalls eine
Ablenkung, die uns einen dem vorigen
entgegengesetzt gerichteten Inductions=
strom erkennen läßt.

Fig. 85.

Hatten wir bisher den Nordpol
des Magneten der Inductionsspirale genähert und wiederholen
wir jetzt unsere Versuche mit dem Südpole, so beobachten wir
die gleichen Erscheinungen, nur sind die Richtungen der Induc=
tionsströme gerade die entgegengesetzten wie zuvor geworden.
Hatte nämlich der Nordpol beim Annähern einen Strom
inducirt, der eine Ablenkung nach rechts an der Multiplicator=
nadel zur Folge hatte, so erhalten wir beim Annähern des
Südpoles eine Ablenkung nach links. Analog beim Entfernen
des Magnetpoles. Erzeugte der Nordpol beim Entfernen

einen Inductionsstrom mit Ablenkung links, so ist die Ablenkung, die man beim Entfernen des Südpoles erhält, nach rechts gerichtet.

Schließen wir nach der Ampère'schen Regel auf die Richtungen zurück, in welchen die eben betrachteten Inductions= ströme den Draht durchfließen, so finden wir, daß der Südpol eines Magneten denselben Inductionsstrom zur Folge hat, wie ein Batteriestrom, welcher den Pol in der Richtung des Zeigers einer Uhr umkreist. Der Nordpol dagegen hat die gleiche Inductionswirkung wie ein Batteriestrom, der um diesen Pol des Magneten in der Richtung von rechts nach links, also gegen die Bewegung des Uhrzeigers herumgeht.

Der Rühmkorff'sche Inductionsapparat.

Die angeführten Fundamentalversuche reichen hin, um die eigentlichen Inductionsapparate zu verstehen. Je nachdem hiebei die inducirten Ströme durch einen Batteriestrom oder durch einen Magneten hervorgerufen werden, haben wir zwei Klassen derselben zu unterscheiden: die elektromagnetischen und die magnetelektrischen Inductionsapparate.

Im Jahre 1855 wurde in Frankreich ein Preis von 50000 Franken für die Erfindung der kräftigsten und zweck= mäßigsten Elektrisirmaschine ausgesetzt; beabsichtigt hatte man dabei, zur näheren Untersuchung der Frage über die Anwend= barkeit der Elektricität als Triebkraft aufzumuntern. Der Preis war auf fünf Jahre ausgesetzt; allein im Jahre 1860 fand man, daß keine Maschine den Erwartungen entsprach. Der Preis wurde nicht ausgetheilt und der Termin auf weitere fünf Jahre verlängert.

Im Jahre 1865 war keine neue Maschine erfunden; die enormen Wirkungen jedoch, welche Rühmkorff, ein deutscher Mechaniker in Paris, mit seinen elektromagnetischen Inductions= apparaten erzielte, veranlaßten die Commission, diesem den

Preis von 50 000 Franken zuzuerkennen, obwohl der Apparat im Wesentlichen bereits im Jahre 1851 construirt war und später nur noch in seinen Dimensionen vergrößert und in einigen Details weiter vervollkommnet wurde.

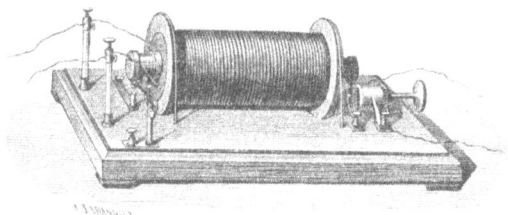

Fig. 86.

Der Rühmkorff'sche Apparat (Fig. 86) besteht aus einem hohlen Cylinder aus Pappe, auf welchen ein ziemlich dicker Draht gewunden ist. Dieser dicke und kurze Draht, welcher als inducirender (Haupt=) Draht vom Strome der Batterie durchflossen wird, geht nur in einer einzigen Lage von Windungen um den Cylinder herum, und seine Enden laufen in zwei auf dem Bodenbrette des Apparates befindliche Metallklemmen aus.

Um diesen ersten Draht ist ein zweiter, ganz feiner, aber sehr langer Draht gewunden; bei den älteren Apparaten hatte derselbe eine Länge von 8 bis 10 Kilometern, gegenwärtig beträgt seine Länge 50 bis 60 Kilometer und darüber. Der Draht macht dabei eine ungemein große Anzahl von Um=windungen und endigt in zwei Metallklemmen, welche durch Glasstäbe isolirt sind. Dieser feine Draht bildet den Nebendraht; in ihm entstehen die Inductionsströme.

Jeder der beiden Kupferdrähte ist mit großer Sorgfalt isolirt und der Nebendraht zu diesem Zwecke noch besonders mit einem isolirenden Firniß überzogen, damit bei der plötz=lichen Erregung sehr starker Ströme nicht Funken zwischen

den einzelnen Windungen oder auch nach außen überschlagen
können.

In das Innere des hohlen Cylinders von Pappe ist ein
Bündel gut ausgeglühter Eisendrähte geschoben, wodurch, wie
wir bereits gesehen haben, die Inductionswirkungen noch
bedeutend verstärkt werden. Die ganze Drahtrolle wird von
zwei starken Glasplatten begrenzt, die auf dem Bodenbrette
des Apparates befestigt sind.

Das Bodenbrett selbst aber bildet eigentlich ein Kästchen,
in welchem sich noch ein besonderer Apparat befindet, der
Condensator von Fizeau, der weiter nichts ist als eine
Franklin'sche Tafel von sehr großer Oberfläche. Auf beiden
Seiten eines mehrere Meter langen, gut isolirenden Streifens
von Wachstaffet sind bis auf einen entsprechend breiten Rand
Stanniolfolien aufgeklebt und das Ganze in geeigneter Weise
zusammengefaltet. Schaltet man die beiden Stanniolflächen
in die Enden des Hauptdrahtes ein, so werden die Wirkungen
des Apparates wesentlich erhöht.

Um mit einem so eingerichteten Apparate die Wirkungen
der Inductionsströme studiren zu können, genügt es nicht,
dieselben durch ein einmaliges Schließen oder Oeffnen des
Hauptstromes zur Entstehung zu bringen; man muß dies öfters
und sehr rasch wiederholen. Der Apparat ist zu diesem Behufe
mit einer besonderen Vorrichtung, dem Wagner'schen Hammer,
versehen, bei welchem der Hauptstrom sich selbst öffnet und
schließt, ganz in der Weise, wie wir es bei der selbstunter-
brechenden telegraphischen Glocke kennen gelernt haben.

Am einen Ende der Inductionsrolle gehen nämlich die
Eisendrähte durch die Glasplatte heraus und sind mit einer
Kappe von weichem Eisen versehen. Darunter befindet sich
ein gleichfalls aus weichem Eisen bestehender kleiner Hammer,
dessen Stiel mit dem einen Ende des inducirenden Hauptdrahtes in Verbindung steht, während die Unterlage, auf

welcher der Hammer aufliegt, mit einem Pole der Batterie verbunden wird. So lange der Hammer auf seiner Unterlage aufruht, geht der Strom durch den inducirenden Draht, bringt die Inductionswirkungen hervor und macht das Eisendraht=bündel im Innern der Rolle magnetisch.

Dadurch wird der Hammer angezogen, in die Höhe ge=hoben und von seiner Unterlage getrennt. Sogleich hört der Strom auf zu circuliren, das weiche Eisen wird unmagnetisch, der Hammer fällt herab und der Strom kann wieder durch den Hauptdraht hindurchfließen. So wiederholt es sich nun beständig fort, und der Hammer befindet sich in einer sehr raschen hin= und hergehenden Bewegung; wird er gehoben, so ist der Strom im Hauptdrahte unterbrochen, fällt er nieder, so wird dieser Strom wieder geschlossen. Folgen die Unter=brechungen rasch auf einander, so werden auch die inducirten Ströme in sehr kurzen Zeitintervallen auf einander folgen und sich in ihren Wirkungen wie continuirliche Ströme verhalten.

Dieser Selbstunterbrecher hat auch noch den Vortheil, daß er sich nach Belieben reguliren läßt. Je nachdem man die Unterlage des Hammers höher oder tiefer stellt, erhält man ein rascheres oder langsameres Hin= und Hergehen des Hammers.

Bei den großen Apparaten, wie sie Rühmkorff in der letzteren Zeit ausgeführt hat, ist jedoch diese Unterbrechungsvor=richtung durch eine andere ersetzt, welche als ein kleiner Apparat für sich neben der Inductionsrolle aufgestellt wird. Diese Vor=richtung besteht im Wesentlichen aus einem mit einem Gegen=gewichte versehenen Stifte, der in oscillirende Bewegung ver=setzt wird. Je nachdem man das Gegengewicht hebt oder senkt, sind die Oscillationen rascher oder langsamer. Bei jeder Oscillation schließt der Stift den Strom und öffnet ihn sogleich wieder, so daß man die nämlichen Wirkungen wie mit dem Hammer erhält. Um diese Oscillationsbewegung zu unter=

halten, bedarf man einer besonderen Batterie, die übrigens blos aus zwei Elementen besteht.

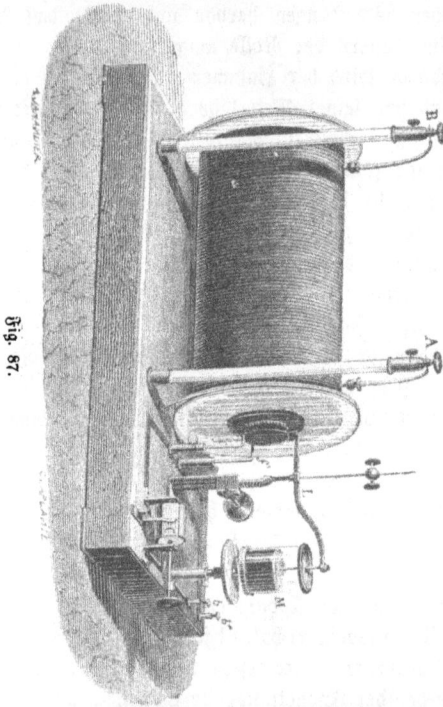

Fig. 87.

Die Größe der Wirkungen, welche man mit der Inductions=rolle erhält, hängt von der Stärke des inducirenden Stromes ab. Derselbe darf nicht zu schwach sein, denn sonst werden auch die Wirkungen nur schwach; er darf aber auch nicht zu stark sein, weil dann der Fall vorkommt, daß der feine Draht in der Nebenspirale durch den hindurchgehenden Strom selbst zerstört wird. Gewöhnlich nimmt man bei den großen Rühm=

korff'schen Apparaten 15 bis 20 Bunsen'sche Elemente, und der durch diese erzeugte Strom ist also der inducirende Strom.

Läßt man durch die beiden Klemmen A und B (Fig. 87), welche die Enden der Nebenspirale bilden, in analoger Weise wie bei der Influenzelektrisirmaschine verschiebbare Metall= elektroden gehen, so kann man mit der Rühmkorff'schen Inductionsrolle die gleichen Wirkungen hervorbringen, welche uns die elektrische Entladung ergeben hat.

Sobald man den Hauptstrom schließt und den Selbst= unterbrecher in Thätigkeit versetzt, springen zwischen den Elektroden in rascher Aufeinanderfolge sehr intensive Funken über, die bei den großen Apparaten eine Länge von 50 bis 60 Centimeter und selbst darüber erreichen. Diese Funken sind von einem scharfen Knalle begleitet wie die Funken der Elektrisirmaschinen, und wir haben auch hier einen Apparat, der uns Blitz und Donner künstlich nachzuahmen gestattet.

Bestreicht man einen Papierstreifen mit einer Gummi= lösung und streut Messingfeilspäne darauf, hängt man dann diesen Papierstreifen, nachdem er trocken geworden ist, zwischen den Elektroden auf, so springt der Funken zwischen den einzelnen Metallkörnern über, allein man erhält im Ganzen den Eindruck eines einzigen gewaltigen Blitzes. Man hat auf solche Weise Funken bis zu 5 Meter Länge hergestellt.

Der Blitz schmilzt Metalldrähte wie z. B. die Glocken= zugleitungen ꝛc., der Inductionsfunken kann gleichfalls dünne Drähte schmelzen und verflüchtigen. Er zeichnet dann, wenn man ein Blatt Papier darunterhält, auf dieses eine schwarze oder braune Spur, je nachdem der Draht aus Eisen, Kupfer oder Gold bestand. Der Dampf des verflüchtigten Metalles ist es nämlich, der sich auf dem Papiere niederschlägt und die eigenthümlichen verästelten Figuren erzeugt. In analoger Weise hat man bei durch den Blitz geschmolzenen Glockenzug=

drähten eine schwarze Spur an der benachbarten Mauer oder Wand wahrgenommen.

Der feine Draht der Nebenspirale des Inductoriums würde nach dem Gesagten von selbst schmelzen, wenn man hinreichend starke Ströme in ihm erzeugen würde. Es ist dies aber auch eine Gefahr, die man bei den Telegraphenleitungen zu beseitigen hat und zwar ganz besonders bei den submarinen Kabeln.

Man hat nämlich in der Telegraphie vielfach versucht, Inductionsströme statt der Batterieströme zu verwenden, da sie gewisse Vortheile bieten würden, allein die angegebene Gefahr hat sich bisher ihrer Anwendung noch hinderlich in den Weg gestellt. Hierin ist wohl auch der Grund zu suchen, warum so viele Kabel sehr bald unbrauchbar wurden, und namentlich gilt dies für das transatlantische Kabel vom Jahre 1858, welches schon wenige Tage nachdem es vollständig gelegt war, seine Dienste versagte. Man hat deshalb auch bei dem Kabel vom Jahre 1865 blos einen relativ schwachen Strom in Anwendung gebracht, der übrigens bei der großen Empfindlichkeit des Thomson'schen Reflexgalvanometers vollständig ausreicht.

Auch physiologische Wirkungen haben die Inductionsströme zur Folge, und ein großer Rühmkorff'scher Apparat wäre mit Leichtigkeit im Stande, einen Stier zu tödten. Man muß deshalb diese großen Apparate mit der äußersten Vorsicht handhaben, will man nicht an die bereits früher citirten Worte erinnert werden, welche Muschenbroeck, als er den ersten Schlag durch eine Leydener Flasche erhielt, ausrief: „Selbst wenn man mir die Krone Frankreichs anböte, möchte ich nicht noch einen solchen Schlag ertragen."

Der Blitz ist im Stande, Gegenstände, die er auf seinem Wege trifft, gänzlich zu zertrümmern; aber auch der Inductionsfunken ist von nicht geringen mechanischen Wirkungen

begleitet. Stellt man zwischen den beiden Elektroden eines
großen Inductionsapparates einen Glaswürfel von der Größe
der Fig. 88 auf und läßt den Funken durch denselben hindurch=
schlagen, so wird das Glas vollständig durchbohrt und eine
Menge von Rissen zeigt den Durchgang des Funkens an.

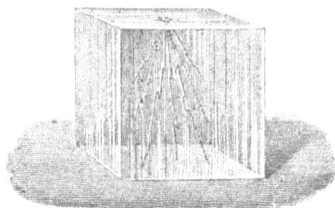

Fig. 88.

Stellt man in einem Glasgefäße mittelst einer Luftpumpe
einen ziemlich luftleeren Raum her und läßt man durch den=
selben den Inductionsfunken schlagen, so zeigt sich eine pracht=

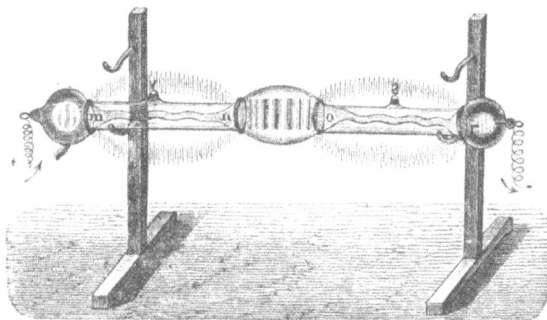

Fig. 89.

volle Lichterscheinung. Man studirt diese Erscheinung gegen=
wärtig an den Geißler'schen Röhren, deren wir bereits
bei einer früheren Gelegenheit Erwähnung gethan haben.
An der negativen Elektrode beobachtet man ein tiefblaues

Licht, während von der positiven Elektrode ein purpurrother Lichtschein ausströmt, der fast bis zur negativen Elektrode reicht und von einer Reihe paralleler, dunkler Streifen transversal durchzogen wird (Fig. 89).

Bringt man anstatt der verdünnten Luft ein anderes verdünntes Gas in die Glasröhre, so zeigen sich andere Farbenerscheinungen an der positiven Elektrode. So ist sie im Quecksilberdampf weißlichgrau, im Wasserstoffgas purpurroth ꝛc.

Man kann mit diesen Geißler'schen Röhren auch optische Studien verbinden und hat namentlich die Spectren verdünnter Gase, sowie die Phosphorescenz- und Fluorescenz-Erscheinungen bisher näher untersucht; wir übergehen jedoch das darauf Bezügliche als in die Lehre vom Lichte gehörig*).

Die Rühmkorff'sche Inductionsrolle ist nicht etwa blos ein Apparat von hohem wissenschaftlichen Interesse, sie hat auch bereits mannichfache praktische Anwendungen gefunden. So wurde sie zur Beleuchtung in Steinkohlenbergwerken und auch für die Arbeiten der Taucher am Meeresgrunde verwendet.

In den Schachten der Kohlenbergwerke bildet sich nämlich ein gefährliches, aus Kohlenstoff und Wasserstoff zusammengesetztes Gas, das von den Bergleuten das schlagende Wetter genannt wird und welches, wenn es mit einer Flamme in Berührung kommt, eine schreckliche Explosion zur Folge hat, wodurch schon viele Schachte gänzlich zerstört und eine Menge von Arbeitern in der Tiefe begraben wurden.

---

*) Siehe Pisko, Licht und Farbe, II. Band der Naturkräfte.

Der englische Gelehrte Davy hat das Verdienst, durch die nach ihm benannte Sicherheitslampe*) die Gefahren einer solchen Katastrophe beträchtlich vermindert zu haben; allein trotzdem rechnet man, daß allein in England jährlich noch immer mehrere Tausend Menschen auf diese bedauernswerthe Weise ihren Tod finden.

Rühmkorff hat deshalb eine Lampe angegeben, bei welcher eine mit einem Inductionsapparate verbundene Geißler'sche Röhre die Lichtquelle bildet. Eine sehr feine Glasröhre ist in vielen Windungen spiralförmig gewunden und, nachdem die Luft aus ihr fast völlig ausgepumpt wurde, an den mit Platindrähten versehenen Enden zugeschmolzen. Durch diese Glasröhre geht nun der Funken eines kleinen Inductionsapparates hindurch und macht sie zu einer intensiven, gleichmäßigen Lichtquelle. Die Glasröhre ist noch mit einem metallenen Reflector und einer geeigneten Fassung versehen, so daß sie der Arbeiter wie eine Lampe in der Hand tragen kann, während er auf dem Rücken in einem kleinen Kästchen die Inductionsrolle sammt der Batterie trägt.

Die Mißstände der gewöhnlichen Lampe sind hier nicht zu befürchten. Der Inductionsfunken ist vor der Berührung mit der Luft geschützt; sollte aber durch irgend einen Unfall die Röhre zerbrochen werden, so tritt allerdings die äußere Luft zwischen die Elektroden, allein diese sind viel zu weit von einander entfernt, als daß zwischen ihnen in der unverdünnten Luft ein Funken überschlagen könnte.

Da diese Lampe keine Luft nöthig hat um fortzubrennen, so kann sie auch für die Arbeiten der Taucher unter Wasser verwendet werden.

Es ist wohl allen unsern Lesern bekannt, daß unter der Regierung Napoleon's III. in Paris ganze Straßen

---

*) Vergl. Cazin, die Wärme, III. Band der Naturkräfte S. 130.

niedergerissen und in neue zum Theile mit Prachtbauten ge=
zierte Boulevards umgewandelt wurden. Dabei handelte es
sich darum, schnell zu arbeiten und insbesondere die Neubauten
rasch wieder aufzuführen. Daß hiezu Maschinen aller Art
in Thätigkeit versetzt wurden, läßt sich leicht denken, und
darunter treffen wir denn auch eine solche, bei welcher der
Inductionsfunken eine wesentliche Rolle spielt: es ist die
Lenoir'sche Gasmaschine.

Die Maschine besteht aus einem gewöhnlichen Pumpen=
stiefel; allein anstatt in denselben Wasserdampf einzuführen,
läßt man eine Mischung von Luft und Leuchtgas eintreten.
An beiden Seiten des Pumpenstiefels sind Schieberventile
angebracht, welche das Eintreten der Gasmischung reguliren.
Steht der Kolben am einen Ende des Stiefels, so füllt sich
der unter ihm befindliche Raum mit dem Gasgemenge, ein
Inductionsfunken schlägt über, entzündet das Gas, dadurch
wird eine große Menge Wärme entwickelt und das auf solche
Weise rasch erhitzte Gas dehnt sich mit großer Gewalt aus.
Der Kolben wird damit vorwärts gestoßen und eine Be=
wegung erzeugt. Ist der Kolben am anderen Ende des
Stiefels angekommen, so wird hier der gleiche Vorgang wieder=
holt, der Kolben wird zurückgestoßen und treibt dabei das
beim Vorgehen ausgedehnte Gas in die äußere Luft hinaus.

Die Lenoir'sche Gasmaschine unterscheidet sich also von
der gewöhnlichen Dampfmaschine blos durch die Wahl des
Motors, die anderen Theile sind vollkommen identisch. Der
Umstand, daß der Dampfkessel in Wegfall kommt, gestattet,
die Maschine in einem relativ kleinen Raume in allen Etagen
eines Gebäudes aufzustellen, wodurch für die Benützung der=
selben bei Bauten ein wesentlicher Vortheil erzielt wird.

Unter den Kunststücken, womit der bekannte Taschenspieler
Robin sein Auditorium in Staunen versetzte, war eines,
das er in den mannigfaltigsten Variationen vorführte und

zwar am häufigsten unter dem Namen: „Der Weihnachtsbaum".
Man sah vorerst eine mit Schnee bedeckte Tanne; aber alsbald
verwandelte sich der Schnee, durch den unsichtbar gelegte
Drähte gezogen waren, in Lichter und Spielzeug aller Art,
das unter die anwesenden Kinder vertheilt wurde. Bis dahin
erschien die Sache noch als gewöhnliche Täuschung; allein
auch auf Commando einer beliebigen im Saale befindlichen
Person entzündeten sich die Lichter und löschten ebenso auf
Befehl wieder aus (Fig. 90).

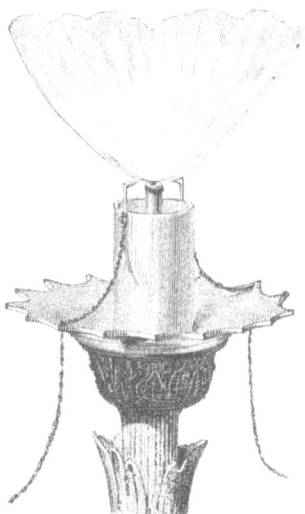

Fig. 90.

Diese Lichter sind nun weiter nichts als Gasbrenner.
Auf das Commando: „Brennt an" öffnet eine dem Publicum
nicht sichtbare Person den Gashahn und setzt einen Inductions=
apparat in Gang. Gleichzeitig springt der Funken über allen
Gasbrennern, die unter einander in metallischer Verbindung
stehen, über und das Gas wird entzündet. Auf das Commando:

„Verlöschet" schließt die genannte Person den Gashahn und setzt den Inductionsapparat außer Thätigkeit. Wenn man die Versuche genau beobachtet, so hört man in dem Momente, wo die Flamme erscheint, einen schwachen Knall und nimmt selbst einen blaß violetten Lichtschimmer wahr, der vom Inductionsfunken herrührt.

Man könnte dieses Verfahren auch bei den Lüstern in Theatern oder überhaupt bei den Gasflammen in öffentlichen Gebäuden in Anwendung bringen; selbst zum Anzünden der Straßenlaternen wurde es vorgeschlagen. So leicht übrigens der Versuch im Kleinen gelingt, so ist für seine Anwendung im Großen doch noch nicht die nöthige Sicherheit erreicht worden, wie der folgende Vorgang zeigt.

Als der Boulevard des Prinz Eugen in Paris eingeweiht wurde, hatte man am Anfange desselben einen großen Triumph= bogen errichtet. In dem Momente, wo der Cortege diesen Bogen passirte, sollten eine Unzahl von Gasflammen sich gleich= zeitig entzünden und eine Feuerkrone die Decorationen des Baues umgeben. Als am Tage vorher der Versuch probirt wurde, gelang er vollständig; allein obwohl alle Vorsichts= maßregeln getroffen waren, versagte im entscheidenden Momente der Strom seine Wirkung, und als der Cortege den Bogen passirte, blieb er dunkel, anstatt in blendender Helle zu erglänzen.

Der große Rühmkorff'sche Inductionsapparat hat beträchtliche Dimensionen und sein Preis ist so hoch, daß er nur in reicher dotirten physikalischen Laboratorien und Cabi= neten Platz finden kann; überdies ist er bei seinen gewaltigen Wirkungen sehr vorsichtig zu handhaben, wenn er nicht ge= fährlich werden soll. Es wurde deshalb sowohl von anderen Mechanikern als von Rühmkorff selbst der Apparat auch in kleineren Dimensionen hergestellt, ja sogar bis zu einer so kleinen Größe herab, daß er als Spielzeug für die Kinder dient.

Namentlich in Verbindung mit der Geißler'schen Röhre
wird dieser kleine Apparat vielfach zu Spielereien verwendet.
So hat man leuchtende Aquarien, in denen sich eine schön
gewundene Geißler'sche Röhre befindet, um welche die Gold=
fischchen herumschwimmen. Sogar die Damen haben sich der
zu Diademen gewundenen Geißler'schen Röhre als Schmuck
bei ihrer Toilette bemächtigt.

Die Magnet=Inductionsmaschine.

Die Inductionsströme, welche der Rühmkorff'sche
Apparat liefert, haben entgegengesetzte Richtung, d. h. auf einen
Inductionsstrom, dessen Richtung der des Hauptstromes ent=
gegengesetzt ist, — auf einen Schließungsstrom — folgt immer
ein mit dem Hauptstrome gleichgerichteter Oeffnungsstrom, dann
wieder ein entgegengesetzter u. s. f. Dieser Umstand beschränkt
die Ausnützung des Apparates in mannigfacher Hinsicht,
nämlich in allen Fällen, in denen beständig ein Strom von
der gleichen Richtung absolut erforderlich ist wie z. B. in der
Galvanoplastik. Man kann übrigens auch gleichgerichtete Induc=
tionsströme in rascher Aufeinanderfolge erhalten, wenn man die
zweite Art derselben — die Magnetinductionsströme — anwendet.

Schon bald nachdem Faraday die Induction entdeckt
hatte, construirte Pixii einen Inductionsapparat, bei welchem
die Ströme durch die Rotation eines Magneten erzeugt wurden.
Seitdem wurde diese Art von Inductionsapparaten wesentlich
verbessert; Saxton, Clarke, Ettingshausen, Stöhrer,
Siemens, Gramme und viele Andere construirten „Mag=
net=Inductionsmaschinen". Wir wollen vorerst die
von Clarke dem Apparate gegebene Einrichtung etwas näher
betrachten.

Ein Magazin von sehr kräftigen Hufeisenmagneten A B
(Fig. 91) ist an einem vertical stehenden Brette befestigt, so

daß die Pole nach abwärts gerichtet sind. Vor den Polen dieses großen Magneten stehen zwei weiche Eisencylinder, die durch ein Querstück, gleichfalls von weichem Eisen, mit einander verbunden sind und über welche Drahtrollen gesteckt werden

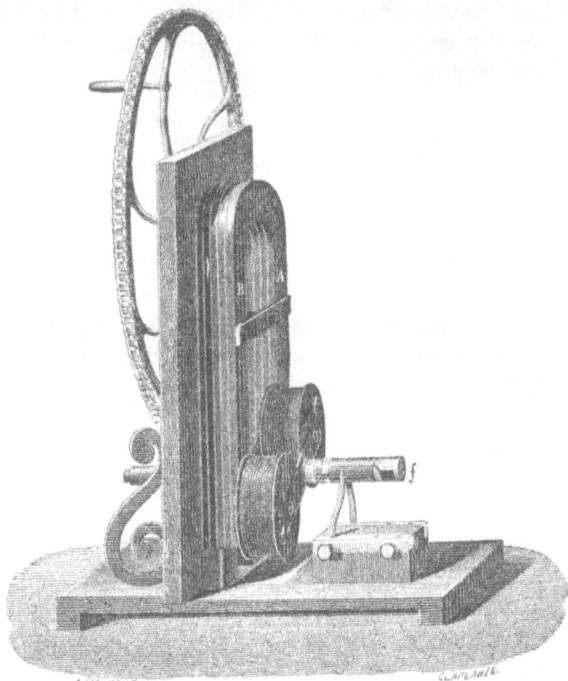

Fig. 91.

wie bei einem Elektromagneten. Das Querstück und damit das Rollenpaar ist um eine Achse f drehbar und kann mittelst eines großen Rades in sehr rasche Rotation versetzt werden.

Stehen die weichen Eisenkerne des Rollenpaares gerade vor den Magnetpolen, so werden sie selbst magnetisch; hat

die Achse eine Viertelumdrehung gemacht, so stehen die Eisen=
kerne zwischen den beiden Magnetpolen, jeder derselben wirkt
mit gleicher Stärke, aber in entgegengesetztem Sinne magneti=
sirend auf die Eisenkerne und diese werden deshalb unmagnetisch.
Nach einer halben Umdrehung der Achse f stehen die Eisenkerne
wieder vor den Magnetpolen, werden diesmal aber entgegen=
gesetzt magnetisch wie am Anfange, und so wiederholt sich der
Vorgang in analoger Weise bei jeder weiteren halben Um=
drehung.

Da nun bei jeder Annäherung und jeder Entfernung der
Drahtrollen gegen die Magnetpole ein Strom inducirt wird,
so haben wir bei rascher Drehung der Rollen eine eben so
rasch auf einander folgende Zahl von Inductionsströmen; allein
dieselben haben wie beim Rühmkorff'schen Apparate vorerst
noch entgegengesetzte Richtung. Es ist aber am Ende der
Achse f mit den Drahtspiralen eine eigene Vorrichtung verbunden
welche bewirkt, daß die Inductionsströme, obwohl sie abwechselnd
in entgegengesetzter Richtung aus den Rollen kommen, doch
in den äußeren Schließungskreis, in welchem sich ihre ver=
schiedenen Wirkungen äußern sollen, stets in der gleichen Richtung
eintreten. Wir haben also eine unendliche Anzahl von gleich=
gerichteten Inductionsströmen, die mit so großer Schnelligkeit
auf einander folgen, daß wir damit operiren können wie mit
einem Batteriestrome.

Will man die Wirkungen dieser Art von inducirten Strömen
näher studiren, so muß der Apparat noch so eingerichtet werden,
daß man zweierlei Rollenpaare, einmal ein solches, auf welchem
ein kurzer und dicker Draht aufgewickelt ist, dann ein zweites
mit sehr langem und dünnem Drahte anbringen kann.

Daß nun eine solche Magnet=Inductionsmaschine Ströme
liefert, welche physiologische Wirkungen zur Folge haben, ist
wohl vielen unserer Leser aus eigener Erfahrung zur Genüge
bekannt. Allein diese Inductionsströme zeigen außerdem alle

Wirkungen des mit der galvanischen Batterie hervorgerufenen Stromes.

Schaltet man ein Galvanometer in den Schließungskreis ein, so wird die Nadel desselben abgelenkt, ein Elektromagnet erhält durch diese Ströme eine beträchtliche Tragkraft.

Bringt man in den Schließungskreis einen Wasser=zersetzungsapparat, so wird durch die vom Magneten inducirten Ströme das Wasser wieder in seine Bestandtheile — in Wasserstoff und Sauerstoff — zerlegt, und zwar liefern kräftige Maschinen schon in einer bis zwei Minuten einen Kubikzoll Knallgas.

Ein in den Drahtkreis der Rollen eingeschalteter dünner Platindraht von ein paar Zoll Länge wird so stark erwärmt, daß er weißglühend wird; eingeschaltete Kohlenstücke können gleichfalls bis zum Glühen erhitzt werden.

Man hat früher vielfach versucht, die durch Magnete inducirten Ströme für telegraphische Zwecke zu verwerthen und Stöhrer in Leipzig war der Erste, welcher die Magnet=inductionsmaschine auf einen so hohen Grad der Vollendung brachte, daß sie mit Erfolg zum Betriebe von Zeigertelegraphen verwendet werden konnte; schon im Jahre 1847 waren seine Apparate auf der sächsisch=bayerischen Staatsbahn eingeführt worden. Später haben Wheatstone und Siemens magnet=elektrische Zeigertelegraphen construirt, von denen erstere in England, letztere in Deutschland selbst jetzt noch vielfach im Gebrauche sind.

Die Siemens'schen Apparate sind deshalb von großem Interesse, weil bei ihnen zuerst der so mannigfacher Ver=wendung fähige Inductionscylinder vorkommt. Derselbe besteht aus einem Cylinder von weichem Eisen, der seiner ganzen Länge nach zwei Nuthen besitzt, in welche eine sehr große Länge ganz feinen Kupferdrahtes gewunden ist. Wird der Cylinder vor den Polen eines kräftigen Hufeisenmagneten aufgestellt und in rasche Rotation versetzt, so werden in dem Drahte die Ströme inducirt wie bei den Rollen der Clarke'schen Maschine.

Die wichtigste praktische Verwerthung haben übrigens die Magnetinductionsströme für die Herstellung des sogenannten elektrischen Lichtes (siehe das folgende Capitel) gefunden.

Ein älterer zu diesem Zwecke geeigneter Apparat ist die von Nollet angegebene und von van Malderen verbesserte Maschine, welche durch die Compagnie de l'Alliance eine definitive Construction erfahren hat, wie sie Fig. 92 darstellt.

Die Maschine trägt 56 Hufeisenmagnete in sieben Abtheilungen; jede dieser Abtheilungen besteht aus acht Magneten, die in einem regelmäßigen Achtecke mit einwärts gerichteten Polen angeordnet sind.

Zwischen diesen sieben Gruppen von je acht Magneten, die an einem massiven Gestelle befestigt sind, befindet sich eine entsprechende Anzahl von Rollenpaaren mit weichen Eisenkernen, wie wir sie bei der Clarke'schen Maschine kennen gelernt haben. In der Ruhelage steht jeder weiche Eisenkern dieser Rollen vor einem Magnetpole und bildet gleichsam den Anker des Magneten. Alle Rollenpaare stehen mit einer Achse in Verbindung, die man auf irgend eine Weise in Rotation versetzen kann.

Dreht sich diese Achse, so entfernt oder nähert sich jede Rolle einem fixen Magnetpole und es entsteht also ein Inductionsstrom, so daß durch die hundertzwölf partiellen Inductionsströme in ihrer Vereinigung ein einziger Strom von gewaltiger Stärke erhalten wird. Dieser Strom wird durch die Kohlen geleitet, und da die Achse sehr schnell rotirt, so folgen die inducirten Ströme in ungemein kurzen Zeitintervallen auf einander und das Licht wird continuirlich wie bei einem Batteriestrome.

Je schneller nämlich die Achse und damit die Rollen rotiren, um so mehr inducirte Ströme werden erzeugt, um so kürzere Zeit dauern diese Ströme an, aber auch um so stärker werden sie. Alle diese Bedingungen stehen in Wechselbeziehung zu einander, und die Erfahrung zeigt in der That, daß das Licht in dem Maße heller wird, als die Rotationsgeschwindigkeit wächst, daß jedoch, wenn die Achse 350 bis 400 Umdrehungen in der Minute macht, die Intensität des Lichtes nicht mehr wächst, sondern stationär bleibt. Es entstehen aber in diesem Falle 200 Ströme in der Secunde; das Auge ist also dann nicht mehr im Stande, die Unterbrechungen im elektrischen Lichte wahrzunehmen.

Die auf solche Weise enstandenen Inductionsströme haben übrigens abwechselnd noch entgegengesetzte Richtung; die Ueber= führung der glühenden Kohlentheilchen findet in Folge davon bald in der einen (von oben nach unten), bald in der anderen Richtung (von unten nach oben) statt, und die Kohlen werden also ganz gleichmäßig verzehrt, da die Verbrennung jetzt die einzige Ursache der Abnützung geworden ist. Für gewisse Zwecke kann es von Vortheil sein, stets Ströme von der gleichen Richtung zu haben; man muß dann mit der Maschine noch einen besonderen Apparat verbinden, welcher bewirkt, daß die in ihn eintretenden, abwechselnd entgegengesetzt gerichteten Ströme stets in der gleichen Richtung durch den äußeren Schließungskreis fließen.

Die Stromintensität bei der Nollet'schen Maschine ist eine ganz gewaltige. Man erhält mit einer Maschine, die den größtmöglichen Effect gibt, beim elektrischen Lichte eine Lichtstärke, welche dem Lichte von Tausenden von Kerzen gleichkommt.

Um die Achse der Maschine in Rotation zu versetzen, benützt man eine kleine Dampfmaschine, und zwar reicht eine Maschine von zwei Pferdekräften vollständig aus. Will man

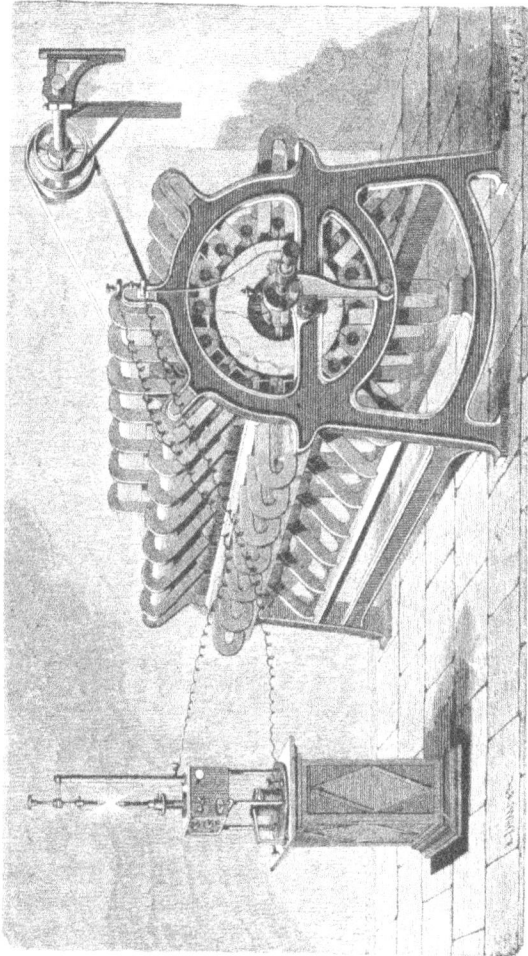

Fig. 92.

das elektrische Licht an einem Orte verwerthen, wo sich bereits eine Dampfmaschine befindet, so hat man blos nöthig, die magnetelektrische Maschine damit durch eine Transmission in Verbindung zu setzen, und die Kosten des elektrischen Lichtes sinken dann auf ein Minimum herab. Außer der einmaligen Anschaffung des Apparates kommt der Verbrauch der Kohlen in der Stunde etwa auf zehn Pfennige zu stehen.

In der neuesten Zeit hat man sich außer der Nollet'schen Maschine noch anderer Hilfsmittel bedient, um bei der Erzeugung des elektrischen Lichtes die galvanische Batterie als Stromquelle beseitigen zu können. Bei diesen Vorrichtungen spielt sowohl der Siemens'sche Inductor, dessen wir bereits oben Erwähnung gethan haben, als der Gramme'sche Elektromagnet ohne Ende eine Hauptrolle.

Am 13. April 1866 zeigte der Engländer Wilde der königlichen Gesellschaft in London seine neue magnetelektrische Maschine vor. Dieselbe bestand aus einer Combination von zwei rotirenden Siemens'schen Inductoren, deren einer einem Systeme von Stahlmagneten zugehörte, während der andere mit einem starken Elektromagnete in Verbindung stand. Der Strom des ersten Inductors wurde dazu benützt, den Eisenkern des Elektromagneten zu magnetisiren; der Strom des anderen Inductors, der zwischen den Polen dieses Elektromagneten rotirte, konnte frei verwendet werden zum Glühen von Platin= oder Eisendrähten, sowie zur Erzeugung des elektrischen Lichtes.

Am 2. Mai 1867 zeigte Wilde bereits eine beträchtlich verbesserte Maschine vor, über welche wir für unsere Leser den Bericht beifügen wollen, den die Zeitschrift „Athenäum" darüber gebracht hat.

„In der Maschine selbst lag schon etwas Achtung gebietendes, da die Elektromagnete aus 4 Fuß hohen und 10 Zoll dicken, 14 Centner Kupferdraht enthaltenden Schenkeln bestanden, zwischen denen eine Armatur lag, die durch eine außerhalb des Gebäudes aufgestellte Dampfmaschine von 15 Pferdekräften mit einer Geschwindigkeit von 1500 Umgängen in der Minute gedreht wurde. Um und um flogen die Cylinder und jede Drehung sandte neue elektrische Ströme in die Elektromagnete, als plötzlich der freie Strom mit voller Kraft zu einem am Ende des Versuchslokales aufgestellten Kohlenlichtregulator geleitet wurde und sofort zwischen den fingerdicken Kohlenstäben ein ungemein intensives elektrisches Licht vor den Augen der Zuschauer aufflammte, das sie eben so blendete wie der Glanz der Mittagssonne und alle Ecken und Winkel des großen Zimmers mit einem Glanze erleuchtete, der den Sonnenschein übertraf und gegen welchen die hellbrennenden Gasflammen in der Mitte des Zimmers braun erschienen. Ein in der Richtung des Lichtstrahles gehaltenes Brennglas brannte Löcher in Papier, und wer die Wärme mit ausgestreckter Hand auffing, konnte dieselbe in einer Entfernung von 150 Fuß noch deutlich wahrnehmen. Dann spannte man eine lange eiserne Drahtschlinge in die Leitung ein; nach wenigen Minuten glühte der Draht, nahm eine mattrothe Farbe an, wurde weißglühend und fiel in glühenden Stücken zu Boden. Ebenso wurde ein kurzes Stück Eisen von der Dicke des kleinen Fingers geschmolzen und verbrannt; aber alle diese Versuche wurden überstrahlt von dem Schmelzen eines Platindrahtes von mehr als ¼ Zoll Durchmesser und 2 Fuß Länge."

Die Wilde'sche Maschine wurde denn auch auf den Leuchtthürmen der englischen Küsten aufgestellt; allein auch für Verwendung derselben zu industriellen Zwecken sind mehrfache Versuche angestellt worden. So hatte z. B. Elkington in Birmingham sie bei seinen großen galvanoplastischen Arbeiten in Anwendung genommen; eine andere Fabrik in Whitechapel benützte den elektrischen Strom zur Erzeugung von Ozon, um dieses als Bleichmittel zu verwenden; in den photographischen

Ateliers von Woodbury und von Sarou & Comp. in Manchester dienten Wilde'sche Maschinen zur Erzeugung eines intensiven elektrischen Lichtes, um mittelst desselben zu jeder Zeit und unter allen Witterungsverhältnissen das Druckverfahren zu beschleunigen.

Um dieselbe Zeit als Wilde sich mit der Vervollkommnung seiner Maschine beschäftigte, machte auch Werner Siemens nach dieser Richtung hin Versuche und gelangte so schließlich dahin, einen Apparat zu construiren, bei welchem weder Batterie noch Stahlmagnete für die Stromerzeugung erforderlich sind.

Wenn man nämlich in einem Elektromagneten den Strom durch den Draht hindurchsendet, so wird der Eisenkern magnetisch; sobald man den Stromkreis unterbricht, verschwindet der Magnetismus, allein nicht vollständig, eine geringe magnetische Kraft bleibt zurück. Dieser remanente Magnetismus ist es nun, welchen Siemens bei seinem dynamoelektrischen Apparate zur Erzeugung von starken Strömen verwendet hat.

Derselbe besteht im Wesentlichen aus einem doppelschenkligen Elektromagneten, durch dessen Draht von Anfang an ein Strom hindurchgesendet und so im Eisenkern remanenter Magnetismus erzeugt wurde. Zwischen den Polen dieses Elektromagneten rotirt ein Siemens'scher Inductor, dessen Drahtenden mit den Enden des Elektromagnetdrahtes in Verbindung stehen. Der schwache remanente Magnetismus inducirt nun in dem rotirenden Inductor anfangs schwache Ströme; diese schwachen Ströme umkreisen den Elektromagneten; dadurch kommt in diesem noch neuer Magnetismus zu dem remanenten Magnetismus hinzu. Der auf solche Weise stärker magnetisch gewordene Eisenkern des Elektromagneten inducirt jetzt stärkere Ströme in dem Inductor als zuvor; da diese stärkeren Ströme aber wieder den Elektromagneten umkreisen, so nimmt der

Magnetismus in demselben neuerdings zu, die inducirten
Ströme werden noch kräftiger und so kann man durch fort=
gesetztes Drehen des Inductors schließlich Ströme erzeugen,
die stark genug sind, um ein intensives elektrisches Kohlenlicht
hervorzurufen.

Mitte Januar 1867 machte Siemens der Berliner
Akademie Mittheilung über die neue Maschine. Auf der
Pariser Ausstellung im Jahre 1867 befand sich bereits eine
solche Maschine — construirt von dem englischen Mechaniker
Ladd —, die allgemeines Aufsehen erregte und bei welcher
zwei Siemens'sche Inductoren zur Anwendung kamen.

Die Ladd'sche Maschine zeigte das elektrische Licht in
großer Intensität; sie war im Stande, einen Platindraht von
1 Meter Länge und einem halben Millimeter Dicke seiner
ganzen Länge nach zum Glühen zu erhitzen u. s. f.

In den letzten Jahren wird wohl am meisten Anwendung
gemacht von der Einrichtung, welche der französische Physiker
Gramme der Magnetinductionsmaschine gegeben hat. Dieselbe
hat sich eben so gut für die Zwecke des physikalischen Labora=
toriums als für die praktische Verwerthung bewährt. Wir
wollen das Wesen des Apparates an der Laboratoriums=
maschine näher zu erläutern versuchen.

Zwischen den Polen NS (Fig. 93) eines starken Hufeisen=
magneten bewegt sich ein Elektromagnet AB von besonderer
Form, welcher das Ansehen eines Ringes bietet, der sich um
seinen Mittelpunkt und in seiner Ebene dreht.

Derselbe kann zweckmäßig ein „Elektromagnet ohne
Ende" genannt werden, denn sowohl der Kern ist ein voll=
ständiger Ring von weichem Eisen ohne Unterbrechung und
ebenso geht auch der auf diesen Kern aufgewundene Draht
ohne jede Unterbrechung in sich zurück. Dieser Draht besteht
aber aus dreißig einzelnen Rollen, die hinter einander auf=
gestellt und verbunden sind.

Stellen wir nun diesen Elek=
tromagneten ohne Ende zwischen
die beiden Pole eines kräftigen
Hufeisenmagneten, so wird an der
dem Südpole gegenüberstehenden
Stelle A in dem Eisenringe ein
Nordpol, an der dem Nordpole
des Magneten gegenüberstehenden
Stelle B ein Südpol durch Induc=
tion entstehen; bei M und M' liegen
die Indifferenzlinien. Lassen wir
den Ring rotiren, so bleiben die
Pole bei A und B stehen, da das
weiche Eisen nur geringe Reten=
tionsfähigkeit besitzt. Die Sache
verhält sich ebenso, als wenn die
Drahtrollen über einen ring=
förmigen Magneten im Kreise
herumgedreht würden, dessen Pole
bei A und B und dessen Indifferenz=
punkte bei M und M' gelegen sind.

Dadurch werden bei der Bewe=
gung über die obere Hälfte M A M'
Ströme von gleicher Richtung und
bei der Bewegung über die untere
Hälfte M B M' entgegengesetzt ge=
richtete Ströme inducirt. Um
diese Ströme verwerthen zu können, sind die Drahtenden der
einzelnen Rollen an rechtwinklig gebogene Stücke angelöthet
und die Ströme werden durch federnde Drahtbündel von M
und M' in einen äußeren Schließungsbogen (Fig. 94) geleitet.

Stellt man die Maschine im Großen dar, so verwendet
man anstatt der Stahlmagnete große Elektromagnete und

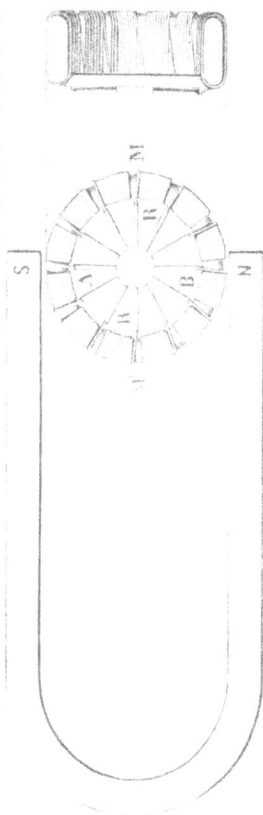

Fig. 93.

benützt den remanenten Magnetismus derſelben, um nach dem
S. 213 dargelegten Principe ſtarke Ströme zu erzeugen. Solche

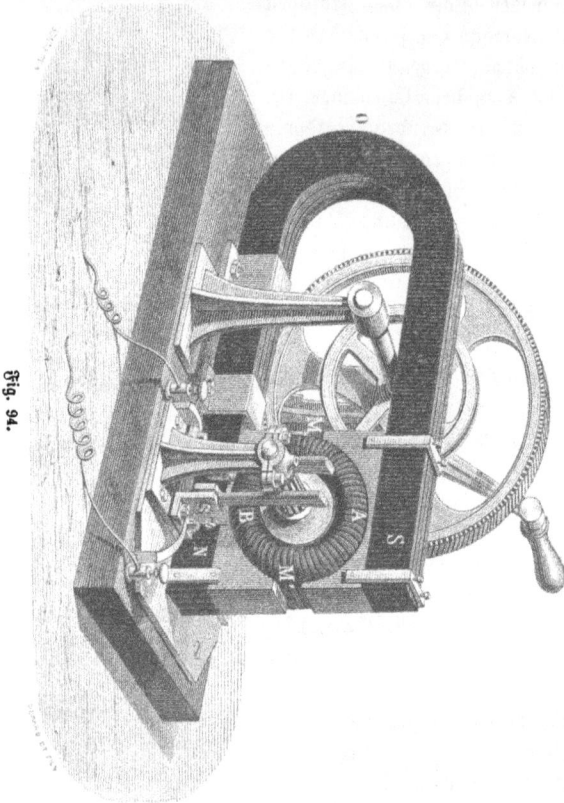

Fig. 94.

Maſchinen werden denn gegenwärtig ſowohl für die Erzeugung
des elektriſchen Lichtes als für galvanoplaſtiſche Zwecke mit
großem Erfolge verwendet.

Schon vor Jahrtausenden wurden die elektrischen Eigen=
schaften des Zitterrochens und des Zitteraales von den Griechen
und Römern, sowie von den Negerweibern in Afrika erkannt
und zur Heilung von Krankheiten und zur Heilung von Schwäche=
zuständen benützt. Der blinde Glaube an diese Wunderkraft
war die Ursache, daß man für weitere Beobachtungen lange
Zeit hindurch blind blieb.

Es ist noch nicht so lange her, daß man für alle Krank=
heiten, welcher Art sie auch waren, sich elektrisiren ließ, und
der Verfasser kennt noch recht gut die Zeit, wo Taschenspieler,
die als Professoren der höheren Magie und Magnetisirungs=
kunst im Lande umherreisten, in der That ihre Taschen aus
dem Säckel des Publikums durch ihre Wunderkuren füllten.
Die ganze Sache kam hieburch in Mißcredit, und erst in der
Neuzeit haben die Mediciner von Fach gezeigt, daß, wenn der
galvanische Strom auch nicht für alle Krankheiten und Uebel
Heilkraft besitzt, daß er doch am richtigen Orte und in richtiger
Weise angewandt entschieden von dem günstigsten Erfolge be=
gleitet ist.

Es kann hier wohl nicht davon die Rede sein, den Gegen=
stand vom medicinischen Standpunkte aus zu betrachten; wir
begnügen uns mit einigen Bemerkungen über die in der
Elektrotherapie angewandten physikalischen Hilfsmittel.

Hiezu gehören sowohl der galvanische Batteriestrom —
von den Aerzten gewöhnlich der constante Strom genannt —
als auch die Inductionsströme.

In früherer Zeit hat man zur Erzeugung des Batterie=
stromes vielfach die Pulvermacher'sche Kette (Fig. 95)
gebraucht, eine Kette, die aus kleinen Holzstückchen gebildet
wird, über welche Kupfer= und Zinkdrähte gewunden sind
(Fig. 96), ohne sich zu berühren. Wird das Ganze in ange=
säuertes Wasser gelegt, so wird das Holz damit getränkt und

man hat eine Reihe von galvanischen Elementen als Strom=
quelle erhalten.

Fig. 95.

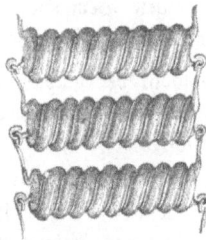

Fig. 96.

Gegenwärtig ist die Pulvermacher'sche Kette ganz
außer Gebrauch; man verwendet jetzt für den constanten

Strom eine große Anzahl — bis zu 60 und selbst darüber —
von Daniell'schen, Meidinger'schen, Bunsen'schen 2c.
Elementen. Vor etwa zehn Jahren hat Dr. Pincus, ein
Arzt in Königsberg, eine Batterie vorgeschlagen, die sich sowohl
durch ihre kräftige physiologische Wirkung als durch ihre
compendiöse Form ungemein empfiehlt. Jedes Element dieser
Batterie besteht zunächst aus einem Probirgläschen, wie sie
die Chemiker bei ihren Untersuchungen gebrauchen. In dem=
selben befindet sich ein fingerhutähnliches Gefäß aus Silber,
welches mit Chlorsilber gefüllt wird, und darüber steht ein
Zinkkölbchen in verdünnter Schwefelsäure (angesäuertem
Wasser). Vierzig dieser Elemente können auf einen Raum
von 25 Centimeter Länge und 12 Centimeter Breite gestellt
werden. Die Batterie kann immer gefüllt bleiben; denn wenn
sie nicht im Gebrauche ist, können die Zinkkölbchen mit einem
einzigen Handgriffe herausgehoben werden; sie verträgt dabei
eine sehr große Neigung in der Lage, so daß sie leicht und
ohne Gefahr transportirt werden kann, ein Vortheil, der bei
keiner anderen Batterie zur Zeit in so hohem Grade erreicht
werden konnte.

In die offenen Pole einer solchen constanten Batterie
werden lange Leitungsschnüre eingeschaltet, welche die Elektroden
tragen. Diese sind je nach dem Zwecke verschieden geformte
Metallstücke, welche an isolirenden Handgriffen sich befinden
und auf diejenigen Stellen des menschlichen Körpers, durch
welche der Strom hindurchgeleitet werden soll, aufgelegt werden.

Der constante Strom wurde durch die Untersuchungen
von Remak in die Elektrotherapie eingeführt; schon vorher
bediente man sich vielfach der Inductionsströme und zwar
hauptsächlich der durch einen galvanischen Strom inducirten
Ströme. Die zu deren Erzeugung gebrauchten Apparate
haben die mannigfaltigste Construction erfahren; immer aber
sind es zwei Drahtrollen wie bei unseren Fundamentalversuchen,

von denen die innere — die Hauptspirale — noch ein Bündel
von weichen Eisendrähten trägt. Du Bois Reymond hat
bei seinem Schlittenapparate die Nebenspirale auf eine Art
von Schlitten befestigt, während die Hauptspirale feststeht; die
Stärke der inducirten Ströme kann dabei durch Verschiebung
der Nebenspirale regulirt werden. Der gleiche Zweck wird
erreicht durch den von Dove angegebenen Dämpfer, einem
Kupferrohre, das über oder innerhalb der beiden Rollen ver-
schiebbar eingerichtet ist.

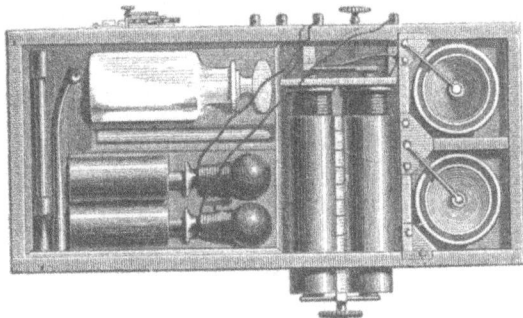

Fig. 97.

Die vorstehende Fig. 97 zeigt die Einrichtung, welche
Rühmkorff dem ärztlichen Inductionsapparate gegeben hat.
Man sieht zunächst zwei Rollen, deren jede Haupt= und Neben=
spirale, sowie das Eisendrahtbündel enthält, und darüber ver=
schiebbar den doppelten Dämpfer. Neben diesen Rollen, dem
eigentlichen Inductionsapparate, befinden sich zwei Marié
Davy'sche Elemente, wie wir sie S. 98 kennen gelernt
haben. Zur Linken der Inductionsrollen liegt ein Fläschchen
mit schwefelsaurem Quecksilber zur Füllung der Batterie, sowie
die medicinischen Elektroden, welche auch hier in gleicher Weise
wie beim constanten Strome zur Anwendung kommen. Das

Ganze befindet sich in einem verschließbaren Etui, welches der praktische Arzt leicht in der Tasche mit sich führen kann.

Es werden sich jetzt viele unserer Leser wohl die berechtigten Fragen stellen: Welches ist die Natur dieser geheimnißvollen Heilkraft? In welchen Beziehungen steht überhaupt die Lebenskraft zu den übrigen Naturkräften? Wir glauben weit aufrichtiger zu verfahren, wenn wir den Trost geben, daß selbst die größten Gelehrten, wenn man ihnen solche Fragen vorlegt, stumm bleiben müssen, als wenn wir einfach, wie dies in früheren Zeiten der Fall war, bei einer jeden derartigen Schwierigkeit als letzte Entscheidung geheimnißvoll eines der Worte: „Magnetismus" oder „Electricität" hinwerfen würden.

---

7. Das elektrische Licht.

Was hätten sich wohl die alten Griechen gedacht, wenn man ihnen gesagt hätte: „Der Scepter, womit Ihr den Mächtigsten Eurer Götter bewaffnet habt, der Donnerkeil, den er in seinem Grolle schwingt, er wird eines Tages den Menschen zum Vergnügen dienen! Die unbekannten Werkzeuge, welche die Cyklopen bei ihren unterirdischen Arbeiten benützen, werden dereinst zu den Utensilien in den Magazinen des Theaters gehören!" Gewiß Niemand, selbst der Weiseste und Freidenkendste nicht, hätte solchen Prophezeiungen Glauben beigemessen. Und doch haben sie sich heutzutage verwirklicht.

Der Gelehrte Humphry Davy, dem wir so viele bedeutende Arbeiten verdanken, war der erste, welcher das elektrische Licht zu Stande brachte; er benützte dazu eine Batterie von nicht weniger als zweitausend Elementen. Als man aber die galvanischen Elemente vervollkommnet und nicht

mehr einen so großen Apparat nöthig hatte, konnte man dieses
Licht näher studiren und praktische Vortheile daraus ziehen.

Bringt man die beiden Pole einer galvanischen Batterie
einander sehr nahe, so springen lebhafte und glänzende Funken
zwischen den nur durch einen ganz geringen Zwischenraum
getrennten Drahtenden, welche den Schließungskreis bilden,
über. Läßt man diese Drahtenden in Kohlenspitzen auslaufen,
so beobachtet man nicht mehr diese einzelnen Funken, sondern
ein continuirliches Licht von ungemein großer Intensität; man
nennt die Erscheinung den Volta'schen Lichtbogen.

Stehen die Kohlen, welche die Pole der Batterie bilden,
einander zu nahe oder berühren sie sich gar, so daß der
Schließungskreis vollständig geschlossen ist, so kann der
Volta'sche Lichtbogen nicht zu Stande kommen. Entfernt
man dagegen die Kohlen immer mehr von einander, so ver=
längert sich auch der Lichtbogen, wird schwächer und nimmt
allmählich bis zum Verschwinden ab, sobald der Abstand der
Kohlen zu groß geworden ist. Es ist also vor allem ersichtlich,
daß, um das elektrische Licht in größter Intensität zu erhalten,
die Kohlen in einem ganz bestimmten Abstande von einander
stehen müssen.

Wollen wir den Volta'schen Lichtbogen näher unter=
suchen, so müssen wir uns einer blauen Brille bedienen, damit
wir das blendende Licht ohne Gefahr für unsere Augen be=
trachten können. Noch besser aber projiciren wir die brennenden
Kohlen auf einen Schirm vermittelst eines Apparates, der
später (p. 243 und Fig. 99) noch beschrieben werden wird.
Wir sehen dann ganz deutlich, wie sich das elektrische Licht bildet.

Am Anfange springen die Funken zwischen den Kohlen,
die scharf zugespitzt sind, schwach und langsam über; aber bald
erwärmen sich die Kohlen, werden rothglühend und das Licht
erglänzt. Man sieht dann, wie eine große Menge glühender,
fester Theilchen von einer Kohle zur anderen übergeführt

werden; man ſieht ferner, wie ſich die eine der Kohlen abnützt
und ausgehöhlt wird, während die andere wächſt. Dieſe
continuirliche Bewegung glühender Kohlentheilchen, die von
einem Pole zum anderen übergehen, trägt zur Erhöhung des
Glanzes des Volta'ſchen Lichtbogens weſentlich bei.

Man mag die verſchiedenſten Elemente zur Batterie
nehmen, immer iſt der Pol, der ſich abnützt, der gleiche und
zwar der poſitive Pol, während der wachſende Pol ſtets der
negative bleibt.

Der Lichtbogen wird aber nicht etwa blos durch die
Ueberführung dieſer glänzenden Theilchen gebildet, die ganzen
Kohlen ſelbſt werden erhitzt und rothglühend und erglänzen
in lebhaftem Lichte. Das Licht, welches dieſe energiſche Ver=
brennung zur Folge hat, kommt alſo noch zu dem hinzu, das
durch die Ueberführung der kleinſten Partikelchen entſteht, und
beide Umſtände zuſammen, das Erglühen und Verbrennen
der Kohle einerſeits und das Ueberführen der glühenden
Theilchen andererſeits, ſind es, welche das elektriſche Licht
conſtituiren.

Der Lichtbogen kommt zu Stande im Waſſer, im leeren
Raume, ſelbſt in denjenigen Gaſen, welche ſonſt die Ver=
brennung nicht unterhalten; es genügt hiezu, die Kohlen einander
bis zu dem Punkte nahe zu bringen, wo die Ueberführung
des glühenden Stoffes noch ſtattfinden kann. Nie aber erreicht
dabei der Lichtbogen einen ſolchen Glanz wie in der Luft;
denn es iſt nur eine der beiden vorerwähnten Urſachen in
Wirkſamkeit.

Aus dem Geſagten erhellt, daß der Abſtand der Kohlen
kein conſtanter bleibt. Beim Verbrennen werden die Kohlen
verzehrt und der Abſtand wächſt in jedem Augenblicke; das
Licht, am Anfange brillant, wird ſchwächer und ſchwächer und
erliſcht zuletzt ganz, wenn man nicht die Kohlen einander
wieder nähert. Will man aber immer ein gleich lebhaftes

und glänzendes Licht haben, so muß man die Pole beständig
auf der richtigen Distanz erhalten.

Dies wäre jedoch nicht der einzige Mißstand. Die Kohlen
verbrennen nicht blos und werden dadurch verzehrt, die eine
derselben wird, wie wir gesehen haben, noch außerdem zer-
fressen, während die andere wächst. Der Lichtpunkt bleibt
also nicht fix stehen, er bewegt sich mit der zunehmenden Kohle,
und nach einiger Zeit haben die Lichtstrahlen eine andere
Richtung als am Anfange.

Da nun aber die fixe Lage des Lichtpunktes für die
Anwendung in den meisten Fällen von Wichtigkeit, manchmal
sogar absolut nothwendig, immer aber bequem ist, so hat man
eigene Apparate erfunden, welche diese Mißstände beseitigen,
die elektrischen Lichtregulatoren.

Mit diesen Apparaten werden die Kohlen verbunden, und
sie reguliren von selbst in jedem Augenblicke die Distanz
derselben. Alle — und ihre Zahl ist keine geringe — beruhen
darauf, daß man den galvanischen Strom, der zur Erzeugung
des Lichtes dient, gleichzeitig auch zur Regulirung der Bewegung
der Kohlen benützt. Diese glückliche Idee verdanken wir
Foucault, dem leider zu früh verstorbenen Physiker der
Pariser Sternwarte.

Ein solcher photoëlektrischer Regulator muß drei wesentlichen Bedingungen Genüge leisten. Das Licht muß constant
sein, um den nachtheiligen raschen Wechsel zwischen Helle und
Halbdunkel zu vermeiden; die Kohlen müssen, wenn der Apparat
einmal gerichtet ist, einen ganz unbeweglichen Lichtpunkt geben;
endlich muß man diesen Lichtpunkt beliebig dirigiren, d. h. man
muß ihn, ohne daß er verlischt, heben und senken, nach diesem
oder jenem Punkte hin richten können.

Diese Bedingungen sind unerläßlich, und ein Regulator,
der sie nicht erfüllt, ist nicht brauchbar; einige der bisher

construirten Apparate haben jedoch schon einen hohen Grad
der Vollendung erreicht.

Die meisten Kohlenlichtregulatoren sind sehr complicirt:
Uhrwerke, Federn, Eingriffe zc. spielen bei jedem eine besondere
Rolle. Um unseren Lesern überhaupt deutlich zu machen, wie
man den Strom selbst dazu benützen kann, die Distanz der
Kohlen zu reguliren, wollen wir den sehr einfachen Apparat
von Archereau beschreiben, obwohl er sehr unvollkommen
ist und nie eine Anwendung im eigentlichen Sinne gefunden
hat (Fig. 98).

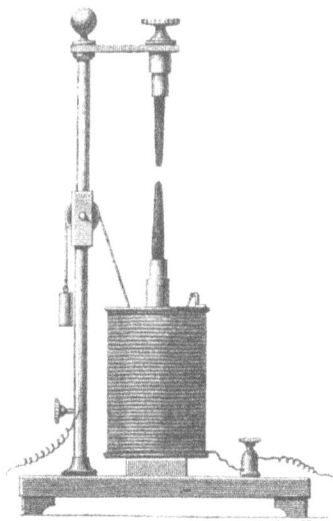

Fig. 98.

Der galvanische Strom geht von einem Pole der Batterie
aus zu der oberen Kohle, die an einer Art von Galgen be=
festigt ist; die untere Kohle ist in einen beweglichen Träger
eingefügt, der von einem Stabe aus weichem Eisen gebildet

wird. Der vom zweiten Batteriepole kommende Draht geht durch eine elektromagnetische Drahtspirale und von da zur unteren Kohle. Sobald die Kohlen einander genähert werden, erglänzt das Licht; der Strom jedoch macht, während er durch den Elektromagnetbraht geht, das weiche Eisen magnetisch und zieht es an. Hiedurch wird die untere Kohle gesenkt, die Kohlen entfernen sich von einander und das Licht wird schwächer. Allein in dem Maße als die Entfernung der Kohlen wächst, nimmt auch der Strom immer mehr und mehr an Stärke ab und die Magnetisirung des weichen Eisens wird in dem gleichen Maße schwächer; dann wird aber das Eisenstück, das den Träger der unteren Kohle bildet, von einem Gegengewichte wieder in die Höhe gehoben. Ist das Gegengewicht richtig gewählt, so wird durch die Schwere einerseits und den galvanischen Strom andererseits Gleichgewicht hergestellt und so die Kohlen immer in der gleichen Distanz von einander gehalten.

Dieses Beispiel sollte uns blos zeigen, wie man im Stande ist, durch den galvanischen Strom selbst die Distanz der Kohlenspitzen zu reguliren; denn für die Anwendung des elektrischen Lichtes zu physikalischen Experimenten, bei Bauten, Leuchtthürmen, auf der Bühne 2c. wendet man weit vollkommenere, aber auch weit complicirtere Apparate an. Am besten bewährt haben sich bisher wohl die Regulatoren Foucault, Serrin und v. Hefner-Alteneck, deren detaillirte Beschreibung uns übrigens hier zu weit führen würde.

Wenn der Regulator seinen Zweck erfüllt, so ist die Länge des Volta'schen Lichtbogens immer die gleiche und das Licht sollte also immer die gleiche Stärke besitzen. In der Wirklichkeit wird diese letztere Bedingung keineswegs erfüllt; der Grund davon ist jedoch nicht im Apparate, sondern in der Beschaffenheit der verwendeten Kohlen zu suchen. Man könnte hiezu Stifte aus reiner und leichter Holzkohle verwenden, allein die Verbrennung wäre dann zu rasch und die Kohlen würden

Fig. 99.

zu schnell abgenützt; um sie wieder zu ersetzen, ginge viel Zeit verloren und die Ausgaben würden beträchtlich erhöht. Man muß also eine Kohle wählen, die sehr hart, sehr dicht und doch sehr leicht entzündbar ist. Man nimmt dazu die Kohle der Gasretorten.

Wenn man die Steinkohle destillirt, um daraus das Leucht=gas zu gewinnen, so bleibt in der Retorte zunächst der Coaks, dann aber auch noch eine andere Kohle, welche man als die Retortenkohle bezeichnet. Letztere bildet sich in dichten Schichten, ist schwarz, metallisch glänzend, sehr hart und schwierig zu schneiden; sie legt sich oben an der Retorte an den Stellen an, welche während der Destillation am meisten erhitzt wurden. Dieser Kohlenstoff nun wird für die galvanischen Anwendungen verarbeitet. Wie alle Kohlen ist auch diese Kohle ein guter Leiter für den Strom; sie ist porös, eine Eigenschaft, die sie besonders geeignet für die Verwendung bei den Bunsen'schen Elementen macht; endlich ist sie ungemein dicht und leicht brennbar, so daß sie sich fürs elektrische Licht vorzüglich eignet.

Man schneidet daraus lange zugespitzte Stifte, fügt sie in den Regulator an den Punkten ein, welche die Batteriepole bilden, und es entsteht so zwischen ihnen der Volta'sche Lichtbogen.

Die Retortenkohle ist aber durchaus nicht rein; sie ent=hält kleine Sandkörner in beträchtlicher Anzahl. Kommt nun ein solches Sandkorn an die entzündete Kohlenspitze, so brennt es nicht, ja es wird nicht einmal glühend; es absorbirt dagegen eine beträchtliche Wärmemenge, um in den flüssigen Zustand überzugehen, und fließt dann von der oberen auf die untere Spitze herab, wie dies aus Fig. 99 ersichtlich ist. Die Folge davon ist, daß während dieser ganzen Zeit das elektrische Licht abgeschwächt wird, und dies ist denn auch die Ursache der störenden Schwankungen des elektrischen Lichtes, ähnlich dem Funkeln der Sterne.

Dazu kommt aber auch noch der Mißstand, daß sich bei unreinen Kohlen die Spitzen sehr bald abstumpfen, wodurch die Continuität des Lichtes gleichfalls beeinträchtigt wird. Man kann deshalb das elektrische Licht blos in den Fällen anwenden, wo solche Schwankungen nicht mehr in Betracht kommen. Um es für alle Zwecke brauchbar zu machen, muß man die Kohle zuvor reinigen, d. h. von den erdigen Beimengungen befreien.

Man hat mehrere Versuche nach dieser Richtung hin angestellt, einige sogar mit Erfolg. Ein Chemiker, Namens Jacquelain, hat Kohlen hergestellt, welche sich so wenig abnützten und doch, da sie sehr rein waren, eine Lichtintensität gaben, die fast doppelt so groß war als die der gewöhnlichen Kohlen. Allein das Fabrikationsverfahren scheint Schwierigkeiten geboten zu haben; Jacquelain erhielt sein Product nur in ganz geringen Quantitäten. Auch mit dem Graphit, der nach dem Diamant der reinste Kohlenstoff ist, hat man Versuche angestellt; es hat sich jedoch gezeigt, daß derselbe sich nur schwer entzündet und sehr rasch abnützt.

Um das elektrische Licht zu Stande zu bringen, bedient man sich gewöhnlich einer Batterie von 40 bis 50 großen Bunsen'schen Elementen, deren Strom durch den Regulator und die Kohlen hindurchgeht. Der Lichtpunkt wird je nach dem Effecte, den man erzielen will, wie bei einer gewöhnlichen Lampe von Kugeln aus polirtem oder matt geschliffenem Glase umgeben. Will man das Licht nach einem bestimmten Punkte hin dirigiren, so stellt man hinter dem Regulator einen metallenen parabolischen Hohlspiegel auf, so daß in seinem Brennpunkte der Lichtpunkt sich befindet.

Braucht man das elektrische Licht häufig, wie z. B. bei den Leuchtthürmen, und wird dasselbe immer unter den gleichen Umständen hergestellt, so verwendet man anstatt der großen galvanischen Batterie als Kraftquelle für den Strom am besten

Fig. 100.

eine magnetelektrische Maschine, wie wir sie im vorigen Capitel kennen gelernt haben.

Was nun die Anwendungen des elektrischen Lichtes betrifft, so wurde dasselbe mit großem Erfolge bei Bauten angewendet, wenn es sich darum handelte, die Arbeiten während der Nacht nicht zu unterbrechen (Fig. 100). Zuerst geschah dies bei den großartigen Neubauten, womit Napoleon III. die Stadt Paris verschönert hat. Auch die Schachten der Bergwerke hat man mittelst des elektrischen Lichtes zu erleuchten versucht, um die vielen Lampen zu beseitigen, welche die Arbeiter tragen und die doch nur die nächste Umgebung spärlich erhellen.

Oeffentliche Plätze sind gleichfalls schon mit elektrischem Lichte beleuchtet worden; doch ist dasselbe noch immer eine zu kostspielige Lichtquelle, um weiter angewendet zu werden als bei großen Festlichkeiten. In großartigem Maßstabe war das elektrische Licht bei den Illuminationen des Concordia= platzes und der Elisäischen Felder in Paris am 15. August, dem Napoleonstage, vertreten. Eine wahrhaft magische Wir= kung übte das Kohlenlicht, wenn es durch die gewaltigen Wasserstrahlen des Neptunbassins der großen Wasserwerke im Versailler Parke geleitet wurde.

Bei Nacht zündet man auf den Schiffen ein großes Leucht= feuer an, um den Lauf derselben für andere herankommende Schiffe zu signalisiren. Man hat vorgeschlagen, auch hier das elektrische Licht anzuwenden, da man die magnetelektrische oder dynamoelektrische Maschine leicht mit der ohnehin auf dem Schiffe befindlichen Dampfmaschine in Verbindung setzen kann und der Foucault'sche Regulator seinen Zweck auch dann noch vollständig erfüllt, wenn er durch die Schwankungen des Schiffes in eine beliebige Neigung gebracht wird.

Auf den Leuchtthürmen an den Küsten ist das elektrische Kohlenlicht schon ziemlich allgemein eingerichtet. Das Nähere über die optischen Vorrichtungen hiebei hat bereits Pisko im zweiten Bande der Naturkräfte ausführlich behandelt*), so daß es hier nicht nöthig sein wird, nochmals darauf einzugehen.

Als im Jahre 1846 die Meyerbeer'sche Oper „Der Prophet" im Pariser Opernhause zur erstmaligen Aufführung kam, wurde sowohl für die Herstellung des Sonnenaufganges im 2. Acte als auch für den Brand am Ausgange der Oper das elektrische Licht mit größtem Erfolge verwendet. Gegenwärtig dient auf jeder größeren Bühne diese Lichtquelle zur Erzielung aller bedeutenderen Lichteffecte.

Bei den neueren Aufführungen der Oper „Moses" z. B., einem der geschätztesten Tonwerke Rossini's, spielt das elektrische Licht eine Hauptrolle. Wiewohl die Bühne fast beständig hell erleuchtet ist, geht Moses doch stets von einem blendenden Lichtstrahle umgeben einher. Eine Scene ist besonders überraschend (Fig. 101). Das Volk steht auf freiem Felde, es sehnt sich nach Aegypten und verlangt laut die Rückkehr. Da erscheint Moses, seine Augen strahlen Blitze, die ganze Figur steht im blendenden Glanze, sein langer weißer Talar gleicht der Sonne. Noch bevor der Prophet seine Indignation kundgegeben, zittert bei diesem Anblicke das Volk und sinkt auf die Kniee nieder. Hinter den Coulissen befinden sich elektrische Lampen, die von beiden Seiten her gegen den Eingang zum Zelte von Moses gerichtet sind; eine dritte Lampe ist im Vordergrunde aufgestellt und wirft ihr Licht von vorn auf den Schauspieler. Die Lichtstrahlen durchkreuzen sich gerade am Eingange des Zeltes. Sobald dieses sich aufthut und der Schauspieler hervortritt, wird der galvanische Strom geschlossen und der Acteur, dessen Bewegungen genau vorgezeichnet sind, steht so beständig im hellsten Lichte.

*) Seite 145 ff.

Fig. 101.

Fig. 102.

Fig. 103.

Selbſt zur Erſcheinung des Regenbogens, wie er gleich=
falls im „Moſes", im Wagner'ſchen „Rheingold" und anderen
Opern vorkommt, dient das elektriſche Licht; es iſt dann vor
dem Regulator ein krummer Spalt und ein Flintglasprisma
aufgeſtellt, und kann an der beabſichtigten Stelle ein gekrümmtes
Spektrum als Regenbogen entworfen werden. (Fig. 102.)

Fig. 104.

Bei den Geiſtererſcheinungen*) (Fig. 103) gebraucht man
das elektriſche Licht dazu, die Perſon, welche ſich in einer

*) Pisko, Licht und Farbe, II. Bd. der Naturkräfte S. 199.

Versenkung unter dem Boden befindet und den Geist darstellt,
intensiv zu beleuchten, damit ihr Spiegelbild noch hell genug
wird, um im Zuschauerraume die entsprechende Wirkung her-
vorzubringen.

Eine der schönsten Erscheinungen, bei welchen das elektrische Licht auf der Bühne zur Anwendung kommt, ist der
leuchtende Springbrunnen (Fig. 104), welcher dem Publicum
unter den phantastischsten Bezeichnungen als Kalospinde-
chromokrene oder Chromatychechataraktapoikile
vorgeführt wird. Das Ganze ist weiter nichts als ein auf
dem Theater befindlicher Springbrunnen, durch dessen Wasserstrahlen das elektrische Licht hindurchgesendet wird; die prächtigen Farbenerscheinungen werden durch farbige Gläser erzeugt
die vor dem Regulator in den Lichtkegel gebracht werden.

Die schönste Unterhaltung sowohl als auch nützliche Be-
lehrung bietet das photoëlektrische Mikroskop (Fig. 105), dessen
Einrichtung sich von der des Sonnenmikroskopes blos dadurch
unterscheidet, daß anstatt der Sonne hier das Kohlenlicht zur
Beleuchtung des mikroskopischen Objectes verwendet wird.
Das Mikroskop wird gewöhnlich mit der elektrischen Lampe
direct verbunden und auf einem entfernten Schirme das
gewaltig vergrößerte Bild des kleinen Objectes aufgefangen.
Man erhält dann ein sogenanntes objectives Bild, d. h. es
kann dasselbe von vielen Personen zugleich wahrgenommen
werden.

Das Licht des galvanischen Bogens wird, wie wir oben
gesehen haben, erzeugt durch die Ueberführung der glühenden
Kohlentheilchen und durch die sehr energische Verbrennung
der Kohlenstiften selbst. Es kann uns nicht befremden, daß
durch diese intensive Lichtquelle auch eine ungemein große
Wärme erzeugt wird. Bringt man zwischen die Kohlenspitzen
einen Eisendraht, so schmilzt zuerst dieses Metall, verbrennt
dann und sprüht nach allen Seiten hin glühende Funken.

Selbſt die am ſchwerſten ſchmelzbaren Metalle, wie Silber, Gold, Platin, werden in kleinen Mengen geſchmolzen und ver= flüchtigt.

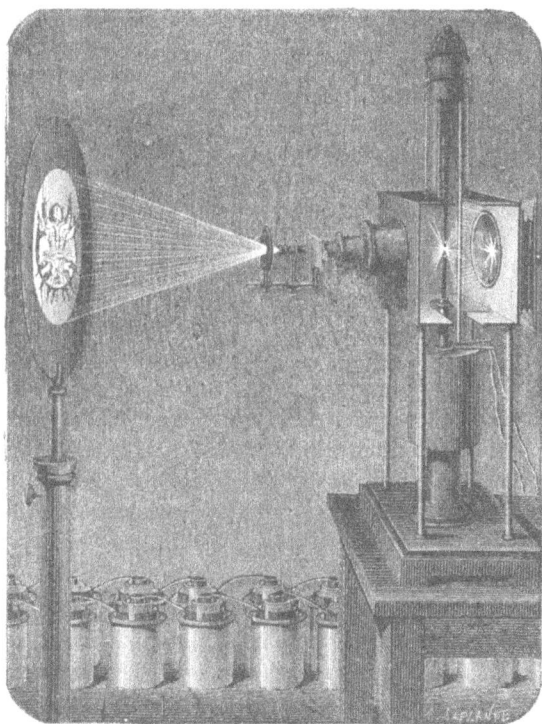

Fig. 105.

Werden bei Erzeugung des Volta'ſchen Lichtbogens reine Kohlen verwendet, ſo iſt das Licht desſelben vollkommen weiß; enthält die Kohle, was faſt immer der Fall iſt, Chlornatrium, ſo iſt die Farbe des Lichtes gelblich; wir beobachten dieſe

16*

gelbe Färbung auch bei allen anderen Flammen, wie bei der des Leuchtgases, der Kerzen und Oelflamme in noch höherem Grade, da diese Substanzen stets und zwar in großer Quantität Natrium enthalten.

Wir können das elektrische Licht aber auch künstlich färben. Nimmt man ganz reine Kohlenstifte und schneidet man die untere Kohle, welche den positiven Pol bildet, in Form eines kleinen Näpfchens aus, bringt dann in die Aushöhlung kleine Stückchen verschiedener Metalle und läßt jetzt das Licht aufleuchten, so werden die Metallstückchen geschmolzen und in Dampf verwandelt — das Licht selbst aber wird gefärbt und zwar sehr verschieden je nach der Natur des verbrannten Metalles. Bringt man Kupfer in die untere Kohle, so wird der galvanische Lichtbogen blau, mit Zink wird er violett, mit Lithium roth. Diese Färbung hält jedoch blos so lange an, bis das eingelegte Metallstückchen vollständig verflüchtigt ist.

Wollen wir farbige Flammen einer näheren Untersuchung unterwerfen, so lassen wir das Licht derselben durch ein Flintglasprisma hindurchgehen, d. h. wir entwerfen ein sogenanntes Spektrum, welches uns die einzelnen farbigen Bestandtheile der betrachteten Lichtquelle erkennen läßt.

Wenn wir einen Sonnenstrahl durch eine feine Oeffnung im Fensterladen eines finster gemachten Zimmers eintreten und auf ein Glasprisma fallen lassen, so entsteht hinter dem Prisma das Sonnenspektrum, von dem unsere Leser wissen, daß dasselbe durch sieben Hauptfarbentöne — Roth, Orange, Gelb, Grün, Blau, Indigo, Violett — hindurch aus einer unendlichen Anzahl von Einzelnfarben zusammengesetzt ist. Die Aufeinanderfolge dieser Einzelnfarben ist aber keine continuirliche; denn wenn wir das Sonnenspektrum durch geeignete Apparate — Spektroskope — näher untersuchen, so finden wir darin eine ungemein große Anzahl von Unterbrechungen,

die sich als die Fraunhofer'schen dunklen Linien dar=
stellen.

Entwerfen wir ganz in der gleichen Weise ein Spektrum
des elektrischen Lichtes, das an Stiften ganz reiner Kohle
erzeugt wurde, so zeigt dasselbe die gleichen Farben wie das
Sonnenspektrum, nur fehlen alle Unterbrechungen — wir
haben ein continuirliches Spektrum.

Enthält die Kohle Natrium oder bringen wir solches in
die Aushöhlung des unteren Kohlenstiftes, so zeigt sich im
Gelb des continuirlichen Spektrums eine ungemein helle
Linie, welche lediglich dem Spektrum dieses Metalles eigen
ist. Lassen wir ein anderes Metall verbrennen, so erhalten
wir je nach der Natur desselben andere helle Linien, worüber
im 2. Bande der Naturkräfte*) das Nähere nachgelesen
werden kann.

Wir wollen bei dieser Gelegenheit noch einer optischen
Erscheinung Erwähnung thun, welche wir erhalten, wenn wir
vor einem Spektroskope eine Influenzelektrisirmaschine aufstellen
und das Spektrum des Funkens derselben betrachten. Be=
nützen wir dabei Leydener Flaschen als Condensatoren, so
zeigt sich im Spektralapparate ein Spektrum, welches von
einer ziemlich großen Anzahl von hellen Linien in analoger
Weise durchzogen ist wie das Sonnenspektrum von den
dunklen Fraunhofer'schen Linien.

Diese hellen Linien sind gegenüber den Fraunhofer=
schen Linien sehr breit; im brechbaren — dem blauen und
violetten — Theile des Spektrums werden sie förmliche
Bänder.

Ein ganz anderes Spektrum entsteht, wenn wir die
Leydener Flaschen entfernen und das Licht des uncondensirten
Funkens in das Spektroskop eintreten lassen. Hier haben

*) Seite 396 ff.

wir es blos mit einer Anzahl breiter, dunkler Bänder zu thun, welche namentlich im brechbareren Theile des Spektrums hervortreten und durch schmale, helle Zwischenräume der entsprechenden Farben von einander getrennt sind. Ein ganz ähnliches Spektrum erhalten wir, wenn wir den Funken eines Inductionsapparates durch eine mit Stickstoff gefüllte Geißler'sche Röhre gehen lassen und das Licht desselben mittelst eines Spektroskopes analysiren.

———————

Das elektrische Licht ist das intensivste Licht, das wir künstlich herzustellen vermögen. Rechnen wir die Intensität des Sonnenlichtes gleich der von 22500 Carcell'schen Lampen, so kommt das elektrische Licht in seiner größtmöglichsten Stärke trotzdem erst 125 solcher Lampen an Leuchtkraft gleich.

Wir besitzen übrigens einige andere sehr intensive künstliche Lichtquellen, welche wir zum Schlusse dieses Capitels noch in Kürze vorführen wollen.

Leitet man ein Volumen Sauerstoffgas und zwei Volumen Wasserstoffgas zusammen, so erhält man ein Gasgemenge, das wir bereits als das sogenannte Knallgas kennen gelernt haben.

Führen wir nun einen Strom dieses Gasgemenges über ein Stück Kreide oder einen Zirkonstift weg und entzünden es, so entsteht ein ungemein intensives, vollkommen weißes Licht, das, bevor das elektrische Licht bekannt war, vielfach auf den Theatern oder zur Beleuchtung der Gegenstände im objectiven Mikroskope, welches man in diesem Falle Hydrooxygengas-Mikroskop genannt hat, verwendet wurde. Anstatt des Wasserstoffgases kann man sich auch des gewöhnlichen Leuchtgases bedienen, doch verliert das Licht dadurch bedeutend an Helligkeit und Reinheit. Zuerst wurde diese Lichtquelle im Jahre 1828 von **Drummond**, einem engliſchen Marineofficier, zur Signalbeleuchtung gebraucht, und wird ſeitdem das **Drummond'ſche Kalklicht**, auch **Siderallicht** genannt.

In den jüngſten Jahren wurden vielfach Verſuche angeſtellt, das Sauerſtoffgas zur Beleuchtung allgemeiner nutzbar zu machen, und ſind auch in dieſer Richtung wirklich bedeutende Fortſchritte gemacht worden. Beſondere Erwähnung verdient das Verfahren von **Philipps**, welches ein eben ſo ſchönes als leicht und ſicher herſtellbares Licht liefert. Man denke ſich eine gewöhnliche Oellampe mit einem hohlen cylindriſchen Dochte, eine ſogenannte **Argand'ſche** Lampe mit einem eigenthümlichen Brennmateriale, das **Philipps** Carboline genannt, gefüllt, ſo erhält man vorerſt eine ungemein ſtark rußende Flamme. Leitet man nun durch dieſe Flamme von deren Mitte aus einen heftigen Strom von Sauerſtoffgas, ſo erhält man ein Licht, das an Intenſität dem **Drummondſchen** Kalklichte jedenfalls gleichkommt.

Ein dem bloßen Auge gleichfalls nicht erträgliches Licht erhält man noch, wenn man Magneſiumdraht entzündet, wozu ſchon das Hineinhalten deſſelben in eine Kerzenflamme ausreicht. Dieſes Licht zeichnet ſich durch ſeine intenſiv blaue Farbe aus und konnte eben deshalb mit Vortheil zum Beleuchten von Gegenſtänden in Anwendung gebracht werden, welche in einem dunklen Raume photographirt werden ſollten.

---

8. Der Elektromagnetismus als Triebkraft.

Den Gedanken, die bedeutende Zugkraft, welche ein Elektromagnet auszuüben im Stande iſt, analog dem Dampfe als Motor für Maſchinen zu verwenden, hatte ſchon im Jahre 1834

Dal Negro im Auge, als er einen Apparat construirte, durch welchen 180 Gramm in der Minute einen Meter hoch gehoben werden konnten.

Um dieselbe Zeit beschäftigte sich auch Jacobi, der berühmte Erfinder der Galvanoplastik, mit der gleichen Frage und brachte es im Jahre 1838 sogar dahin, ein Boot auf der Newa mittelst eines elektromagnetischen Motors in Bewegung zu setzen.

Im Wesentlichen beruhen alle hiehergehörigen Einrichtungen darauf, daß man durch einen Elektromagneten eine Anziehung bewirkt, dann die Richtung des magnetisirenden Stromes und dadurch auch die Pole des Elektromagneten umkehrt, so eine Abstoßung hervorruft, nun wieder die Stromrichtung wechselt und auf diese Weise durch fortgesetzte geeignete Polwechsel die Anziehungen und Abstoßungen in eine continuirliche Bewegung verwandelt.

Wir wollen nun an ein paar Modellen zeigen, wie sich dieser Satz in der Praxis ausführen läßt.

Der Amerikaner Page hat bei seinem Motor die folgende merkwürdige Erscheinung benützt. Wenn man eine hohle Drahtspirale nimmt, in der Achse derselben einen Cylinder von weichem Eisen frei beweglich aufstellt und nun einen starken galvanischen Strom durch den Draht hindurchgehen läßt, so wird der weiche Eisencylinder in die Drahtspirale hineingezogen. Die Fig. 106 zeigt eine Page'sche Maschine, wie sie von Bourbouze für die Pariser Universität construirt wurde.

Man sieht hier zwei verticale Drahtspiralen, wie sie zu einem Elektromagneten gehören; in dieselben passen zwei Cylinder von weichem Eisen, die an einem Balancier befestigt sind, so daß während der eine Cylinder sich im Innern seiner Drahtspirale befindet, der andere Cylinder außerhalb der ihm zugehörigen Drahtrolle steht. Läßt man jetzt den Strom blos

durch die rechtsstehende Rolle gehen, so wird der rechte
Eisencylinder in dieselbe hineingezogen, der Balancier dadurch
auf dieser Seite gesenkt, auf der anderen Seite gehoben.
Unterbricht man nun den Strom für die rechte Drahtrolle
und schließt ihn für die linke Spirale, so wird der vorher
gehobene linke Cylinder in seine Drahtspirale hinabgezogen
und der rechte Cylinder wird gehoben. Es ist nun an der

Fig. 106.

Maschine eine Vorrichtung angebracht, welche bei der Bewegung
automatisch in entsprechender Weise abwechselnd den Strom
durch die eine oder andere Drahtrolle gehen läßt.

Diese Vorrichtung besteht einfach aus zwei Metallstücken,
die durch eine Elfenbeinplatte von einander getrennt sind; ein
kleiner Metallschieber gleitet darauf hin und her und kommt
bei dieser Bewegung einmal über das eine Metallstück, dann
über das andere zu stehen, so daß der Strom einmal blos

durch die eine, dann blos durch die andere Drahtspirale gehen
kann. Der Metallschieber wird durch eine Excentrik in analoger Weise wie der Schieber der Dampfmaschine bewegt.

An dem Balancier ist eine Pleuelstange angebracht und
mit dieser ein Schwungrad verbunden wie bei einer gewöhnlichen Niederdruckdampfmaschine, wodurch die hin= und her=
gehende Bewegung des Balanciers in eine drehende Bewegung
verwandelt wird.

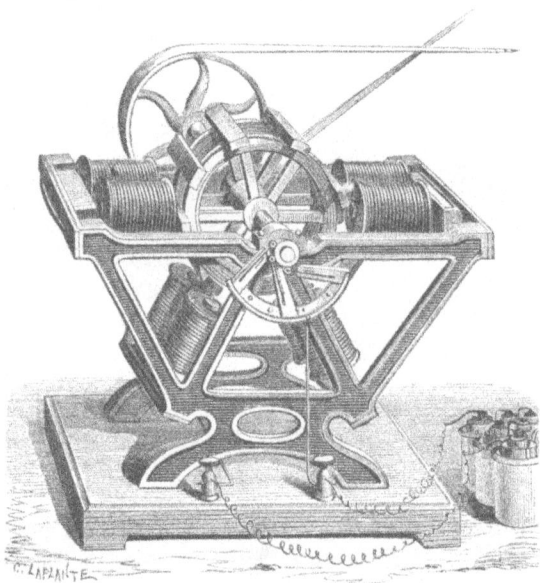

Fig. 107.

Sehr sinnreich ist auch der elektromagnetische Motor, wie
ihn Froment construirt hat und den Fig. 107 darstellt.
Eine um eine Achse leicht drehbare Holzrolle trägt regelmäßig
auf ihrem Umfange vertheilt acht weiche Eisenstücke. Um

diese Rolle herum befindet sich ein starkes Gestell mit sechs doppelschenkeligen Elektromagneten, wovon jedoch in der Figur die beiden oberen der Uebersicht halber weggelassen sind.

Geht nun der Strom durch einen der Elektromagnete, so zieht derselbe das nächstgelegene Eisenstück an der Holzrolle an und bewirkt dadurch eine kleine Drehung derselben. Sobald das Eisenstück vor dem Elektromagneten steht, wird der Strom in demselben unterbrochen und durch den nächstfolgenden Elektromagnetdraht gelassen, welcher wieder die gleiche Wirkung ausübt. Da nun die sechs Elektromagnete nach der gleichen Richtung hin wirksam sind, so wird die Holzrolle in eine rotirende Bewegung versetzt. An der Achse der Holzrolle sitzt eine Riemenscheibe, vermittelst welcher die Bewegung an einen anderen Punkt übertragen werden kann.

Es genügt also bei diesem Motor, daß in dem Momente, wo eines der Eisenstücke an der Holzrolle vor dem Eisenkerne eines der sechs Elektromagnete steht, der Strom in diesem unterbrochen und durch den nächstfolgenden geleitet wird. Dies geschieht durch eine eigene Unterbrechungsvorrichtung, die sich an der Drehungsachse befindet. Dabei geht der Strom immer nur durch zwei einander gegenüberstehende Elektromagnete, welche in gleichem Sinne drehend auf die Eisenstücke an der Holzrolle einwirken.

Wenn man eine solche elektromagnetische Maschine in Thätigkeit sieht, so fällt sogleich die ungeheure Geschwindigkeit ins Auge, mit welcher die Rotation stattfindet. Allein dabei reicht auch ein relativ sehr geringer Widerstand aus, die Bewegung zu hemmen oder wenigstens beträchtlich zu verlangsamen. Bei den kleinen Modellen, welche Froment ausgeführt hat, reicht schon eine Berührung der Holzrolle mit den Fingern hin, um die Maschine zum Stehen zu bringen.

Wir könnten unsern Lesern noch eine große Menge von Modellen vorführen, wie sie von Stöhrer, Kravogl Krebs

und vielen Anderen ausgedacht wurden; eine eigentliche praktische Bedeutung hat jedoch keine dieser Maschinen gewonnen, eben
weil keine eine beträchtliche Kraftleistung auszuführen vermag.

Die ganze Anwendung, welche man bisher von den
Elektromotoren gemacht hat, beschränkt sich deshalb auf einige
Versuche und Spielereien. So hat Gaiffe einen kleinen
Apparat (Fig. 108) construirt, bei welchem durch einen elek-

Fig. 108.

tromagnetischen Motor eine kleine Pumpe in Thätigkeit versetzt
werden kann. Auch Geißler'sche Röhren hat man auf
gleiche Weise in Rotation versetzt u. dgl.

Es ist zwar, wie erwähnt, Jacobi gelungen, ein Boot
mit 12 Personen durch eine elektromagnetische Maschine zu
treiben, ferner hat Page sogar eine kleine Locomotive durch
seinen Motor in Gang gesetzt; allein diese Versuche verlangten
einen so beträchtlichen Kostenaufwand, daß abgesehen von allen
anderen Gründen schon dieser Punkt es ist, welcher an eine

Vervollkommnung der elektromagnetischen Motoren und damit an eine Verdrängung des Dampfes zur Zeit wenigstens nicht denken läßt.

---

9. Die Galvanoplastik.

Die Galvanoplastik ist eine Erfindung der Neuzeit.

Man hat zwar versucht, die Ausübung dieser Kunst schon den alten Aegyptern zuzuschreiben, weil man in den Gräbern von Theben und Memphis verschiedene Objecte vorgefunden hat, die mit einer ungemein feinen Kupferschicht überzogen waren, welche unter dem Mikroskope ein ähnliches Ansehen zu bieten schienen wie die galvanischen Niederschläge. Allein die Beweise sind nicht ausreichend, und die Erfindung gehört ent= schieden unserem Jahrhundert an, wo sie mit Bewußtsein gemacht und auf Grund der genau erkannten Vorgänge weiter ausgebildet wurde.

Im Jahre 1830 machte de la Rive in Genf, als er sich mit dem Studium der galvanischen Batterie beschäftigte, die Wahrnehmung, daß der metallische Niederschlag in der= selben an seiner Oberfläche alle Structurzeichnungen der Platte, welche er bedeckte, genau wiedergab.

Im October 1838 zeigte Jacobi der Petersburger Akademie an, daß es ihm gelungen sei, Kupferplatten herzu= stellen, welche einen exacten Abdruck einer vertieft in eine andere Platte gravirten Zeichnung bildeten. Um dieselbe Zeit machte Spencer in England, ohne von Jacobi's Versuchen Kenntniß zu haben, die gleiche Entdeckung. Man fand, daß die Kupferniederschläge geeignet seien, um Medaillen und Bas=Reliefs zu copiren, sowie auch als Buchdruckerstöcke zu dienen.

Jacobi setzte seine Versuche weiter fort und beschrieb in einem Briefe an Faraday, datirt vom 12. October 1839, der im Athenaeum veröffentlicht wurde, die galvanoplastischen Verfahrungsweisen; zugleich wies er auf die industrielle Verwerthung derselben hin. Jacobi wird deßhalb überall als der Haupterfinder der Galvanoplastik d. i. der Kunst, Kupferniederschläge über bestimmte Formen mittelst des galvanischen Stromes herzustellen, betrachtet werden.

De la Rive nahm nun seine Versuche wieder auf und gelangte dahin, Niederschläge von Gold und Silber herzustellen; allein das von ihm angegebene Verfahren war nicht industriell verwerthbar. Erst Elkington fand ein praktisches Verfahren für Goldniederschläge, das noch heute angewendet wird und das er an Christofle verkaufte, dessen Etablissement auch in Deutschland allgemein bekannt ist.

———

Galvanische Vergoldung und Versilberung.

Das Wesen der galvanischen Vergoldung besteht in der Zersetzung von Goldsalzlösungen durch den galvanischen Strom.

Läßt man durch eine solche Lösung, die in geeigneter Weise hergestellt sein muß, einen galvanischen Strom gehen, nachdem man zuvor die zu vergoldenden Objecte in die Lösung eingehängt hat, so schlägt sich auf denselben das metallische Gold nieder — sie werden vergoldet.

So einfach die Sache dem Principe nach ist, so sind bei der praktischen Ausführung doch eine Reihe von Manipulationen auszuführen und Vorsichtsmaßregeln zu beobachten.

Die erste Manipulation besteht in der Präparation der zu vergoldenden Objecte; sie ist zugleich auch die wichtigste, denn der ganze Erfolg der übrigen Operationen hängt davon ab. Will man verschiedene Metalle vergolden, so müssen die einzelnen Stücke auch wieder verschieden präparirt werden.

Die Gegenstände, wie sie aus den Händen des Fabrikanten und des Ciseleurs kommen, sind nämlich stets mit einer dünnen Fettschicht bedeckt, welche ein festes Anhaften des Goldes verhindern würde. Es müssen deshalb diese Objecte decapirt d. h. ihre Oberfläche muß vollkommen rein metallisch hergestellt werden.

Zum sogenannten B a d e , in welches die zu vergoldenden Objecte getaucht werden, nimmt man Lösungen von Cyan=

Fig. 109.

verbindungen mit Gold. Fast jede Fabrik hat hier ihre eigene Mischung; im Wesen kommen sie alle auf das Gleiche hinaus.

Der Apparat, dessen man sich bedient, um die Niederschläge herzustellen, ist dann ungemein einfach. Er besteht (Fig. 109) aus einem oder mehreren galvanischen (B u n s e n = schen, D a n i e l l'schen 2c.) Elementen, deren Poldrähte zu zwei Metallstäben geführt werden, die über dem in einem Troge von Glas, Terracotta oder auch Holz befindlichen Goldbade aufgehängt sind. An dem negativen Stabe, welcher

mit dem Zinkpole des Elementes in Verbindung ſteht, werden
die zu vergoldenden Objecte an geeigneten metallenen Haken
aufgehängt; an dem anderen Stabe hängt ein Goldblättchen
in das Bad hinein.

Der im Elemente erzeugte galvaniſche Strom iſt ſo durch
lauter gute Leiter vollkommen geſchloſſen; allein beim Durch=
gange des Stromes durch die Flüſſigkeit des Bades erfährt
derſelbe eigenthümliche und für unſeren Fall ſehr wichtige
Zerſetzungen. Schon Volta hatte gefunden, daß der gal=
vaniſche Strom die Metallſalze zerſetzt und das eine Metall
am negativen Pole ablagert. Es wird alſo auch in unſerem
Bade die Goldſalzlöſung durch den Strom zerſetzt, das Gold
lagert ſich auf den am negativen Pole befindlichen Objecten
ab und dieſe werden vergoldet.

In dem Maße als ſich Gold niederſchlägt, würde das
Bad ſchlechter werden, d. h. es würde immer weniger und
weniger Gold enthalten.

Würde man alſo keine Vorſichtsmaßregeln treffen, ſo
würde der galvaniſche Niederſchlag anfangs raſcher vor ſich
gehen, dann aber allmählich aufhören. Um dies zu vermeiden,
iſt am poſitiven Pole das Goldblättchen in das Bad einge=
hängt; in dem Maße als durch die Niederſchläge das Bad
goldärmer würde, löſt ſich am poſitiven Pole Gold wieder
auf und zwar die gleiche Menge, welche am anderen Pole
ausgeſchieden wurde.

Iſt die Goldſchicht auf den zu vergoldenden Objecten
hinreichend dick, ſo nimmt man dieſelben aus dem Bade heraus.
Die Vergoldung iſt aber jetzt noch matt, und die Objecte müſſen
deshalb ſchließlich noch polirt werden.

Die galvaniſche Verſilberung unterſcheidet ſich dem Weſen
nach in Nichts von der Vergoldung; nur muß ſelbſtverſtänd=
lich als Bad die Löſung einer Cyanverbindung mit Silber

benützt und anstatt des Goldstreifens diesmal ein Silber=
streifen am positiven Pole eingehängt werden.

Das Versilbern auf galvanischem Wege gelingt übrigens
viel leichter als das Vergolden. Da, wie wir sahen, die
Schönheit des Niederschlages von der Reinheit der Oberfläche
der zu vergoldenden Objecte wesentlich abhängt, so kommt es
häufig vor, daß man dieselben vorerst versilbert und dann erst
in das Goldbad bringt.

Die Verwerthung der galvanischen Vergoldung und Ver=
silberung ist gegenwärtig eine ungemein ausgedehnte: wir
speisen fast in keinem Hotel mehr mit massiven silbernen
Löffeln; alle sind blos auf galvanischem Wege an der Ober=
fläche versilbert.

Die umfangreichsten Arbeiten in Bezug auf galvanische
Vergoldung wurden wohl von dem Herzog Max von Leuchten=
berg in Reval ausgeführt. Es sollten nämlich die für Säulen
an der Jakobskirche zu St. Petersburg bestimmten, aus Bronce
gegossenen Füße und Capitäle, deren Gesammtgewicht
576 Centner betrug, vergoldet werden. Die Höhe der
größten Capitäle betrug 4 Fuß 8 Zoll, der Durchmesser der
meisten Füße 3 Fuß 8 Zoll. Dazu waren Gefäße für das
Goldbad nöthig, deren jedes 5000 Quart Goldlösung enthielt.
Diese Gefäße waren paarweise um einen großen beweglichen
Krahn gestellt, mit welchem die Broncestücke an kupfernen
Ketten in das Bad gebracht und wieder ausgehoben werden
konnten. In jedem Quart Goldlösung befanden sich
8—10 Gramm Gold, und es wurden 20—50 Pfund Gold
an einem Tage aufgelöst; in den drei Jahren, während
welcher die Arbeiten ausgeführt wurden, betrug der Verbrauch
an Gold mehr als 560 Pfund.

Galvanische Verkupferung.

Die Galvanoplastik soll nicht allein dazu dienen, ein bereits gegebenes Object mit einer Schicht von Gold, Silber oder Kupfer zu überziehen, man beabsichtigt auch noch ein gegebenes Modell beliebig oft in der Weise zu reproduciren, daß man neue Objecte von genau der gleichen Form erhält.

Der einfache Kupferniederschlag wird unter den gleichen Bedingungen und nach denselben Regeln wie der Gold= oder Silberniederschlag erzeugt; man wendet ihn häufig an, wenn es sich darum handelt, das feste Anhaften des edlen Metalles zu erleichtern.

Der Kupferüberzug in dicken Schichten auf einem Modell wird nach Verfahrungsweisen hergestellt, die nach dem Vorhergehenden leicht verständlich und eben so leicht ausführbar sind.

In allen Fällen, wo man einen beliebigen Gegenstand mit der größtmöglichen Genauigkeit reproduciren will, nimmt man zur Galvanoplastik seine Zuflucht.

Daher kommt es denn auch, daß dieselbe fast für alle anderen Künste zu Hilfe genommen wird: man benützt sie, um Statuen, Bas=Reliefs zu reproduciren, um Candelaber, Spring= brunnen und öffentliche Monumente herzustellen, um Holzstöcke, Kupferstichplatten und Buchdruckerlettern zu conserviren, kurz, unzählige Anwendungen lassen sich davon machen.

Der Apparat, dessen man sich bedient, um die beliebig dicken Kupferschichten herzustellen, ist weiter nichts als ein eigenthümlich zusammengestelltes galvanisches Element. In einen Trog von Glas, Thon oder Holz (welcher mit Pech ausgekittet ist) bringt man eine gesättigte Lösung der blauen Kupfervitriolkrystalle, wie man sie auch bei der Daniell'schen Batterie verwendet. In dieses Kupferbad, in welches das zu verkupfernde Stück eingehängt wird, stellt man eine gewöhnliche poröse Thonzelle, die mit stark verdünnter Schwefelsäure ge=

füllt ift und einen amalgamirten Zinkkolben enthält. Man hat
alfo ein completes Daniell'fches Element mit dem Unter=
fchiede, daß der Trog, welcher die Kupfervitriollöfung enthält,
fehr groß ift. Wird das zu verkupfernde Object in das Bad
an einem Kupferdrahte eingehängt, fo bildet diefer den pofitiven
Pol, und man hat blos nöthig, denfelben mit dem Ende des
Zinkkolbens in der Thonzelle durch einen Metalldraht zu ver=
binden, um den Strom herzuftellen. Sobald der Strom aber
gefchloffen ift, beginnt das metallifche Kupfer auf der Form
fich niederzufchlagen, und das Bad würde allmählich fchwächer
werden, wenn man nicht, um die Löfung beftändig im Sättigungs=
zuftande zu erhalten, Kryftalle von Kupfervitriol in kleinen
Säckchen hineinhängen würde; die Kryftalle löfen fich dann in
dem Maße auf, als Kupfer auf der Form niedergefchlagen
wird, und die Löfung bleibt beftändig gefättigt.

Man fieht, wie ungemein einfach diefer Apparat ift; er
ift zugleich Batterie und Bad, und Jedermann, der galvano=
plaftifche Verfuche anftellen will, kann fich denfelben um wenige
Grofchen anfchaffen.

Hängt man das abzuformende Object felbft in das Bad
ein, fo muß daffelbe, falls es nicht fchon ohnehin aus Metall
befteht, mit einem Ueberzuge von feinem Graphit, der ein
guter Leiter für den Strom ift, oder Broncepulver verfehen
werden.

Man erhält dann aber alle Stellen, die im Originale
vertieft find, erhöht und umgekehrt, man hat eine fogenannte
Matrize, die erft neuerdings in das Bad eingehängt werden
muß, wenn man eine genaue Copie des Originales er=
halten foll.

Will man diefes doppelte Abformen umgehen oder will
man das Original überhaupt nicht in das Kupferbad bringen,
fo ftellt man fich als Matrize eine fogenannte Form her.
Diefe Form muß aus einem feinen Stoffe beftehen, der im

Stande iſt, alle, auch die feinſten Details des Originals wieder-
zugeben; man nimmt dazu Wachs oder Guttapercha; auch
Gypsabgüſſe, die übrigens noch in heißem Wachs getränkt
werden müſſen, ſind vielfach angewendet worden.

Bevor die Form in das Bad eingehängt wird, muß ſie
mit einem gut leitenden Ueberzuge verſehen werden, wozu man
wieder feinen Graphit oder Broncepulver verwendet. Diejenigen
Theile der Form, an welchen ſich kein Kupfer niederſchlagen
ſoll, überzieht man noch mit einem nicht leitenden Firniß
oder Wachs.

Die richtige Herſtellung der Formen iſt der delicateſte
und auch der wichtigſte Theil der Galvanoplaſtik. „Wie die
Form, ſo der Niederſchlag", darin ſtimmen alle Induſtriellen
und Gelehrten überein, welche ſich um die Vervollkommnung
der Galvanoplaſtik verdient gemacht haben.

Will man ein rundes Modell auf galvanoplaſtiſchem Wege
abformen, ſo muß man verſchiedene Vorſichtsmaßregeln
beobachten. Bei Statuen und ähnlichen Objecten kommt es
nämlich vor, daß, wenn man den galvanoplaſtiſchen Niederſchlag des Ganzen auf einmal herſtellen würde, es unmöglich
wäre, denſelben ohne Verletzung vom Originale wieder zu
trennen. In ſolchen Fällen muß man das Ganze zweckmäßig
in einzelne Theile zerlegen, für jeden Theil eine beſondere
Form und einen beſonderen galvanoplaſtiſchen Niederſchlag
herſtellen und dieſe Theile ſchließlich auf die gewöhnliche Weiſe
wieder vereinigen. So wurde z. B. das Guttenbergdenkmal
in Frankfurt am Main durch G. L. v. Kreß hergeſtellt.

Dieſes Monument trägt drei koloſſale Hauptſtatuen —
Fuſt, Schöffer und Guttenberg — nebſt einer Menge kleinerer
Details, die alle auf galvanoplaſtiſchem Wege abgeformt wurden.
Fig. 110 zeigt die auf gleiche Weiſe ausgeführte Statue des
Königs Heinrich IV. als Knaben, deren Original im Louvre
zu Paris aufgeſtellt iſt. Auch die Trajansſäule wurde in

dem Etablissement von Oudry zu Auteuil bei Paris copirt, nachdem vom Originale in Rom die Formen abgenommen worden waren.

Fig. 110.

Zum Dank für die Besiegung und Unterwerfung der räuberischen Dacier ließ nämlich der römische Senat dem Besten aller Kaiser ein prachtvolles Forum erbauen, auf welchem jene bekannte Säule errichtet wurde.

Am Anfange erhob sich auf ihr das Standbild Trajan's, später aber ließ ein Papst das Monument des Apostel Paulus an dessen Stelle setzen. Die Oberfläche der Säule ist über und über mit Sculpturen bedeckt, welche die Hauptereignisse der Trajanischen Kriege zum Gegenstande haben, und nicht nur ihrer künstlerischen Ausführung wegen, sondern ganz besonders durch die historischen Ueberlieferungen, die sie uns über Kleidung, Bewaffnung ꝛc., überhaupt über Sitten und Gebräuche der Römer und ihrer Hilfsvölker, als auch der von ihnen unterjochten Barbaren geben, eines der werthvollsten Materialien für das Studium der Kulturentwickelung geworden sind.

Die Säule hat eine Höhe von 124 Fuß und ist aus 33 Marmorblöcken zusammengesetzt, von denen 8 den Sockel, 23 den Schaft, einer das Capitäl und einer das Fußgestell der Figur bilden. Diese Blöcke sind alle in der Mitte wie ein Mühlstein durchbrochen, und durch die senkrechte Oeffnung führt eine Wendeltreppe auf die Plattform hinauf. Die Außenwand trägt die Bildhauerarbeit, welche sich schraubenförmig in 20 aufsteigenden Windungen in die Höhe zieht. Unten ist die Höhe der Figuren zwei Fuß, am oberen Theile, welcher vom Beschauer entfernter liegt, vier Fuß.

In dem bedeutenden Etablissement des Herrn Oudry, welches jährlich gegen 1000 Centner schwefelsaures Kupferoxyd und an 2400 Centner Zink verbraucht, werden auch die eisernen Candelaber für die Gasbeleuchtung auf den Straßen, Springbrunnen und ähnliche Gegenstände mit einem galvanoplastischen Kupferüberzuge im großartigsten Maßstabe ausgeführt (Fig. 111).

Eine Kupferstichplatte hält bekanntlich nicht sehr viele gute Abdrücke aus; man hat deshalb, da der Stahlstich beträchtliche technische Schwierigkeiten bietet, auch hier die Galvanoplastik zu Hilfe genommen. Man stellt nämlich von der Original-

Fig. 111.

kupferstichplatte nach dem oben angegebenen Verfahren mehrere genaue Copien her, welche dann zum Drucken verwendet werden. Das Original bleibt unversehrt, und man ist im Stande, beliebig viele gute Abdrücke desselben zu erhalten.

Ausgedehnte Anwendung von diesem Mittel, kostbare Originalplatten zu schonen, macht man in den Landkarten= fabriken, sowie in allen großen Druckereien. Holzstöcke werden gleichfalls jetzt allgemein auf galvanoplastischem Wege als sogenannte Cliché's vervielfältigt. Ebenso ist der Schriftgießer in den Stand gesetzt, von jedem gegossenen Buchstaben eine kupferne Matrize galvanoplastisch herzustellen und in derselben den Buchstaben beliebig oft aufs Neue zu gießen, wodurch das Stempelschneiden in Stahl erspart wird. Dasselbe Ver= fahren wird für Einfassungen, Vignetten und überhaupt Ver= zierungen angewendet. Die Stereotypplatten werden auf der Druckseite mit einer dünnen, fest haftenden Schicht von galvanisch niedergeschlagenem Kupfer versehen, wodurch ihre Dauerhaftig= keit beträchtlich erhöht wird.

Unter dem Namen „Galvanographie" hat Professor v. Kobell in München ein Verfahren angegeben, welches gestattet, in Tuschmanier gemalte Bilder auf galvanischem Wege zu, vervielfältigen. Auf eine versilberte Kupferplatte werden mit einer eigens präparirten Farbe die Bilder so ge= malt, daß die hellsten Lichter frei bleiben und die Farbe um so dicker aufgetragen wird, je dunkler ein Schatten werden soll. Das so gemalte Bild wird mit einer feinen Graphit= schicht überzogen und in den galvanoplastischen Apparat ein= gesetzt. Man erhält dann einen Niederschlag, bei welchem die Lichtpartien eben, die Schattenpartien vertieft sind; man hat also eine Platte, die zum Drucke sogleich verwendet werden kann.

Wir haben noch einer chemischen Wirkung des galvanischen Stromes Erwähnung zu thun, welche bereits in der
Industrie eine ausgedehnte Verwendung gefunden hat, nämlich
der elektrochemischen Färbung. Alle unsere Leser
kennen die schönen regenbogenartigen Färbungen an Leuchtern,
Tischglocken ꝛc. Diese Farben werden erzeugt, indem man
eine wohl polirte metallische Oberfläche — namentlich auch
versilbertes oder vergoldetes Porzellan — in eine bestimmte
Flüssigkeit einsenkt und dieselbe durch einen galvanischen Strom
zersetzt. Bringt man nämlich einer solchen metallischen Fläche,
die mit dem einen Pole einer hinreichend starken Batterie
verbunden ist und sich in der bestimmten Flüssigkeit befindet,
einen in eine Glasröhre eingeschmolzenen und mit dem anderen
Batteriepole verbundenen Platindraht hinreichend nahe, so
bilden sich durch die Zersetzung der Flüssigkeit um die Spitze
des Drahtes herum concentrische farbige Ringe, welche im
Jahre 1826 von Nobili entdeckt und nach ihm die Nobili-
schen Ringe genannt wurden. Diese Ringe fallen verschieden
aus, je nachdem man den genannten Platindraht mit dem
positiven oder negativen Pole der Batterie verbindet. Als
Flüssigkeit gebraucht man gewöhnlich eine Lösung von Blei-
zucker oder Manganoxybul. Becquerel hat diesen Verfahrungsweisen eine solche Ausdehnung und Vervollkommnung
gegeben, daß sie, wie erwähnt, als Industriezweig ausgebeutet
werden konnten.

----

10. Elektrische Zündungen.

Als im Jahre 1870 der Krieg gegen Frankreich begonnen
hatte, war es bekanntlich eine der ersten Thaten der Deutschen,
daß der große Eisenbahnviaduct bei Hagenau, das damals

noch von den Franzosen besetzt war, gesprengt und dadurch
dessen Benützung unmöglich gemacht wurde. Ferner erinnern
sich noch unsere Leser an die allgemeine Entrüstung, welche
die Sprengung einer Mine beim Einzuge der Deutschen in
Laon, nachdem dasselbe capitulirt hatte, hervorrief.

Rings um jede Festung befindet sich eine zweckmäßig angelegte Reihe von Minenöfen, welche den Zweck haben, den
herannahenden Feind zu vernichten, bevor es ihm gelingt, den
Festungswerken sich zu weit zu nähern.

Zu diesen Vertheidigungsmitteln gehören auch die Tor-
pedos, womit im Seekriege die Schiffe vernichtet werden und
die jetzt auf dem Lande gleichfalls und zwar namentlich als
sogenannte Tritt-Torpedos Verwendung finden. Tritt nämlich
der herannahende Feind auf solche für ihn nicht wahrnehmbar
gelegte Pulverladungen, so entzündet er dieselben und richtet
sich auf solche Weise selbst zu Grunde.

Allein nicht blos für Kriegszwecke sind solche Zündungen
von Pulverladungen von Wichtigkeit, auch die Arbeiten des
Friedens werden durch sie gefördert. So benützt man dieselben
zum Sprengen von Felsen, um Straßen und Eisenbahnen
anlegen zu können oder Flüsse zu reguliren, zum Betriebe des
Bergbaues, bei Arbeiten in Steinbrüchen u. dgl.

Bis in die neuere Zeit herauf hat man diese Zündungen
mittelst mechanischer Methoden ausgeführt, die jedoch alle mit
großen und schwer zu beseitigenden Gefahren und sonstigen
Nachtheilen verbunden waren. Diese Uebelstände können beseitigt werden, wenn man sich elektrischer Wirkungen bei den
Zündungen bedient, und wir wollen sogleich ein paar Beispiele
anführen, welche zu beweisen im Stande sind, daß es sich bei
den elektrischen Zündungen nicht etwa blos um Versuche im
Kleinen handelt, sondern daß sie sich bereits im großartigen
Maßstabe bewährt haben.

So erhielt Lyon bei einer gleichzeitigen Sprengung von drei Bohrlöchern eine Masse Mauerwerk von 150 Tonnen (3000 Centner).

Bei der zur Anlegung einer Eisenbahn vorgenommenen Sprengung des Round-Down-Felsens wurden mittelst 18000 Pfund Pulver und unter Anwendung von drei Volta'schen Batterien ungeheure Felsenmassen abgesprengt, indem nach einer beiläufigen Berechnung die abgelösten Kreidefelsen 291666 Kubik-Yards betrugen, wobei ein Kubik-Yard das Gewicht von 40 englischen Centnern hatte. Von diesen ungemein großen Massen werden 50000 Kubik-Yards behufs der Herstellung der Straßen weggeräumt, und hätte man diese Sprengung durch die Arbeiter auf gewöhnlichem Wege ersetzen wollen, so wäre nach Cubitt's Angabe hiezu eine Zeit von sechs Monaten nöthig gewesen und die Kosten dieser Operation hätten mindestens 7000 Pfd. Sterling betragen.

In den Downhill-Tunnels der Londonderry- und Coleray-Eisenbahn betrug die Größe der mittelst zwei Bohrlöcher und unter Anwendung einer aus 18 Daniell'schen Elementen zusammengesetzten Kette durch Entzündung von 3000 Pfund Pulver abgesprengten Masse beiläufig 30000 Tonnen = 600000 Centner. — Solche Wirkungen können auf gewöhnlichem Wege nicht erlangt werden, ja es können sogar derartige Arbeiten ohne beträchtlichen Kostenaufwand nicht durchgeführt werden.

Das Wesen der elektrischen Zündung besitzt einige Analogie mit dem Telegraphen. Wie man nämlich beim Telegraphiren an einem entfernten Orte magnetische oder chemische Wirkungen erzeugt, so werden hier in ganz analoger Weise die elektrischen Wärmewirkungen hervorgerufen. Man übersieht deshalb sogleich, daß man für eine elektrische Zündung nöthig hat:

1) einen zweckmäßig eingerichteten Zündapparat — entsprechend dem Manipulator beim Telegraphen,
2) eine in geeigneter Weise angelegte Leitung,
3) einen brauchbaren Zünder, welcher dem Receptor beim Telegraphen entspricht und gewöhnlich die Patrone genannt wird.

Der Zündapparat.

Schon im vorigen Jahrhundert hat man unvollkommene Versuche angestellt, bei welchen der Funken der Elektrisirmaschine an einen entfernten Ort geleitet wurde, um hier eine Zündung zu veranlassen.

Diese Versuche wurden in der Neuzeit wieder aufgenommen, und namentlich war es v. Ebner in Wien, welcher die Winter'sche Elektrisirmaschine zu diesem Zwecke brauchbar einrichtete.

Trotzdem man aber den ganzen Apparat in ein luftdicht schließendes Gehäuse brachte und sogar mit einem kleinen Ofen zum Erwärmen versah, bot diese Einrichtung doch nicht die nöthige Sicherheit, welche besonders für militärische Zwecke, wo in den meisten Fällen die Zündung gerade in dem richtigen Momente ausgeführt werden soll, erforderlich ist. Man hat deshalb gegenwärtig die Elektrisirmaschinen gänzlich verlassen und die Wärmewirkungen galvanischer Ströme zu Hilfe genommen.

Auch in diesem Falle kann man wieder verschiedene Methoden anwenden: entweder bringt man an dem Orte, wo die Zündung stattfinden soll, einen Draht zum Glühen, oder man läßt daselbst einen Funken überschlagen, dessen erwärmende Wirkungen zum Zünden benützt werden.

Will man einen Draht zum Glühen bringen, so geschieht dies am geeignetsten mittelst einer großen galvanischen Batterie. Für eine zu diesem Zwecke eingerichtete Batterie ist nicht

etwa eine sehr große Constanz erforderlich, man muß viel=
mehr in ihr in dem Momente, wo die Zündung erfolgen soll,
eine sehr große elektromotorische Kraft zur Entwickelung bringen
können. Man hat jedoch auch diese Methode, mittelst eines
glühenden Drahtes zu zünden, gegenwärtig fast ganz verlassen
und benützt ausschließlich den Funken, welchen inducirte Ströme
liefern.

Nachdem Rühmkorff die elektromagnetische Inductions=
rolle auf eine sehr hohe Wirkung gebracht hatte, suchte man
dieselbe auch für Zündungen zu verwerthen und gab dem
Apparate eine besondere Einrichtung für diesen Zweck. Als
jedoch die Magnetinductionsmaschinen in der Neuzeit wesent=
liche Verbesserungen erfuhren, wurden diese allgemein als
Zündapparate eingeführt. Hier ist besonders ein Apparat
hervorzuheben, der sich durch Einfachheit vor allen anderen
auszeichnet, es ist dies der magnetelektrische Zündapparat von
Breguet, den die folgende Fig. 112 darstellt.

Breguet hat dabei die Erscheinung benützt, daß
wenn man um die Pole eines kräftigen Hufeisenmagneten
Inductionsspiralen windet und an den Magneten einen Anker
plötzlich anlegt oder plötzlich davon entfernt, daß dann ein
Strom in den Drahtspiralen inducirt wird. NOS bezeichnet
in der Figur einen kräftigen Magneten, an dessen Pole N und
S weiche Eisenkerne mit den Drahtspiralen EE angeschraubt
sind; die Enden dieser Spiralen führen durch die Leitung
zum Zünder. Für gewöhnlich liegt an den Eisenkernen, die
blos die vorgeschobenen Magnetpole bilden, der Anker AA
an. Wird derselbe mittelst des Knopfes B abgerissen, so wird
gleichsam in dem nämlichen Momente der Magnetismus der
Pole erst zum Entstehen gebracht und dadurch ein kräftiger
Inductionsstrom erzeugt. Legt man den Anker AA wieder
an, so verschwindet gleichsam der Magnetismus der Pole
wieder, wir haben einen Inductionsstrom von entgegengesetzter

Fig. 112.

Richtung, der wieder wie der erste durch die Leitung zur Zündpatrone geht.

Der Breguet'sche Apparat hat nun vor anderen Zünd= apparaten folgende Vortheile. Er ist ungemein leicht — sein Gewicht beträgt blos 13 Pfd. —, er ist, da er sich bis auf den Knopf B in einem verschließbaren Kasten befindet, keinerlei Beschädigung ausgesetzt, die ganze Manipulation des Apparates besteht in einem kräftigen Schlage auf den Knopf B, wodurch der Anker A A vom Magneten abgerissen und durch eine starke Feder sogleich wieder an die Magnetpole zurückgezogen wird.

Ein Zündapparat von vorzüglicher Wirkung wurde von Siemens nach den Principien der bereits früher (Seite 213) erwähnten dynamoëlektrischen Maschine construirt. Wir haben wieder einen doppelschenkeligen Elektromagneten, zwischen dessen Polen ein Siemens'scher Inductor in rasche Rotation ver= setzt werden kann. Durch den Elektromagnetdraht wird am Anfange ein galvanischer Strom hindurchgesendet, so daß in den Eisenkernen remanenter Magnetismus zurückbleibt. Dann werden die Enden des Elektromagnetdrahtes mit den Enden des Drahtes im Inductor verbunden. Wird dieser gedreht, so werden ganz in der gleichen Weise, wie wir es früher aus= einandergesetzt haben, Inductionsströme erzeugt, die immer mehr und mehr an Stärke zunehmen. Sind die Inductions= ströme so hinreichend stark geworden, so wird durch eine eigene Unterbrechungsvorrichtung der Schließungskreis unterbrochen und der letzte Inductionsstrom durch die Leitung zur Patrone geführt, worauf dann die Zündung erfolgt.

––––––––––

Die Leitung.

Zwischen dem Zündapparate und dem Zünder muß — wie beim Telelegraphen zwischen dem Manipulator und dem Receptor — eine wohl isolirte Leitung hergestellt werden

Da es sich hier nie um beträchtliche Entfernungen handelt, so verwendet man für diese Leitung Kupferdraht, der durch Guttapercha hinreichend isolirt wird. Von der Erdleitung macht man gleichfalls wegen der geringen Entfernung in der Regel keinen Gebrauch.

Der Zünder.

An dem Orte, wo die Zündung vorgenommen werden soll, befindet sich zunächst eine entsprechend starke Pulverladung, durch welche die Leitung mit den in sie eingeschalteten Zünd= patronen hindurchgeführt wird.

Die Wärmewirkung eines durch den Strom glühend ge= machten Drahtes oder des Funkens würde jedoch nicht aus= reichen, die Explosion des Pulvers zu veranlassen; man muß deshalb an dem Orte, wo der Draht glüht oder der Funken überschlägt, einen ungemein leicht entzündlichen Stoff anbringen, diesen zuerst entflammen und dadurch die Explosion der Pulverladung bewirken.

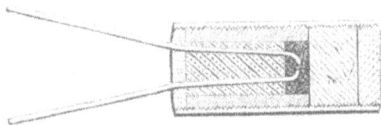

Fig. 113.

Die Zahl der theils vorgeschlagenen, theils wirklich zur Anwendung gekommenen Patronen ist ungemein groß. Als Typus wollen wir die Breguet'sche Patrone betrachten, welche eine Nachbildung des Ebner'schen Zünders ist. Die= selbe besteht (Fig. 113) aus einer starken Messinghülse, in welche ein hohlcylindrischer Holzpfropf eingeschraubt ist. Durch diesen geht eine in die Leitung eingeschaltete Kupferdrahtschlinge, welche in ihrer Mitte eine kleine Unterbrechungsstelle zum Ueberschlagen des Funkens enthält.

Die Drahtenden gehen aus der Patrone heraus und sind in den Holzpfropf durch Schwefeleinguß befestigt. Die um die Unterbrechungsstelle bleibende kleine Höhlung ist mit dem leicht entzündlichen Stoff, dem sogenannten Zündsatze ausgefüllt, endlich das vordere Ende mit einem massiven Holzpfropf ver=schraubt und beide Enden der Patrone mit Gyps gedichtet. Schlägt nun ein Funken an der Unterbrechungsstelle über, so wird der Zündsatz entzündet und das Pulver explodirt.

Der gewöhnliche Zündsatz ist eine Mischung von chlor=saurem Kali und Schwefelantimon. Der empfindlichste Zünd=satz ist der, welchen Abel bei seinen Patronen zur Anwendung gebracht hat; er besteht aus unterphosphorigsaurem Kupfer (10 Theile), unterschwefligsaurem Kupfer (45 Theile) und chlorsaurem Kali (15 Theile).

Soll die Zündung mittelst eines durch den Strom glühend gemachten Drahtes bewerkstelligt werden, so muß selbstverständ=lich die Patrone eine andere Einrichtung bekommen. Durch den Zündsatz, der sich wieder in einer passenden Hülse befindet, wird ein feiner Platindraht gezogen, dessen Enden ebenso wie die Drahtschlinge bei den Patronen für Funkenzündung in den Schließungskreis des galvanischen Stromes — die Leitung — eingeschaltet werden.

In den vorstehenden Blättern haben wir unseren Lesern ein Bild zu entrollen versucht von den hauptsächlichsten An=wendungen, welche man bisher von dem galvanischen Strome gemacht hat.

Bedenken wir, daß uns der Froschschenkelversuch Gal=vani's im Jahre 1790 zuerst mit der Kraft bekannt gemacht hat, welche das Sprechen über den Ocean vermittelt, welche

die intensivste künstliche Lichtquelle liefert, die in jeder Buch-
druckerei nutzbar gemacht wird, deren wir uns im Kriege zur
Abwehr des Feindes, sowie bei Herstellung großartiger Frie-
densbauten bedienen können, gewiß, wir dürfen unserem Jahrhunderte Glück wünschen zu solchen Errungenschaften und
können den Männern, welche an dem Aufbau dieses großen
Werkes in so kurzer Zeit mitgewirkt haben, unsere Bewun-
derung nicht versagen.